SENSIBEL KOMPETENT

Zart besaitet
und erfolgreich im Beruf

Dr. Marianne Skarics

Umschlaggestaltung von Thomas Wukovits, Wien

Satz von Ulrich Bogun, Berlin, www.satzservice.de

Gedruckt und gebunden in Ungarn von Interpress, Budapest

ISBN 978-3-9504121-0-9

Wichtiger Hinweis

Die Wiedergabe von Gebrauchsnamen, Handelsnamen, Warenbezeichnungen usw. in diesem Werk berechtigt auch ohne besondere Kennzeichnung nicht zu der Annahme, das solche Namen im Sinne der Warenzeichen- und Markenschutz-Gesetzgebung als frei zu betrachten wären und daher von jedermann benutzt werden dürften.

Außerdem ist zu beachten, dass die Lektüre dieses Buches keine Therapie ersetzen kann und soll.

Vorwort

Allen voran möchte ich dem Autor Georg Parlow sowie meiner Verlegerin Ingrid Peternell-Eder danken, die sich seit Jahren unermüdlich und sehr erfolgreich für die Verbreitung des Wissens um Hochsensibilität einsetzen.

Weiters danke ich Dr. med. Günther Possnigg und Mag. Ingrid Possnigg für die wertvollen Informationen zu den Themen »Hochsensibilität« sowie »Burnout«, die sie für dieses Buch geliefert haben.

Mein Dank gilt last but not least den vielen hochsensiblen Menschen, die sich die Zeit für Interviews über ihre Hochsensibilität genommen haben, in denen sie über ihre Erfahrungen, Probleme und Freuden im Berufsleben erzählt und dadurch wertvolle Erkenntnisse für dieses Buch geliefert haben.

Inhaltsverzeichnis

Einleitung

Wo die Bedürfnisse der Welt mit Deinen Talenten zusammentreffen
– dort liegt Deine Berufung!
Aristoteles

Es ist wunderbar, wenn die Arbeit zu unserer Persönlichkeit passt, wie die Schuhe zu unseren Füßen. Tut sie das, so arbeiten wir gerne und fühlen uns durch die Arbeit sogar gestärkt. Tut sie das nicht, fühlen wir uns nicht wohl. Wir sind schnell erschöpft oder machen Fehler. Die richtige Arbeit ist für unsere Persönlichkeit und unser Wachstum ebenso wichtig und wertvoll wie die richtige Ernährung für unsere Körper. Arbeit, die zu unserer Persönlichkeit und unseren Werten passt, selbst wenn wir sie vorerst als Hobby beginnen und uns erst langsam tiefer hineinwagen, ist ein Schlüssel für unser Glück und unseren Selbstausdruck.

Menschen denken beim Thema »Arbeit« meist an etwas, das zu tun ist, um unsere Pflicht gegenüber unseren Familien zu erfüllen, etwas, um materiellen Komfort, Status und Anerkennung erlangen zu können, oder einfach um unsere Rechnungen zahlen zu können. Oft sind wir glücklich, dass wir überhaupt eine Arbeitsstelle gefunden haben, und wagen nicht, nach besserem zu streben. Ein großer Prozentsatz der Arbeitnehmer arbeitet nicht gern im eigenen Job. Bedenkt man, wie viel Zeit wir an unserem Arbeitsplatz verbringen, sowie mit An- und Abreise, mit Aus- und Weiterbildung, mit Vorbereitung und Verarbeitung, so ist das sehr tragisch.

Für hochsensible Menschen ist es besonders schwer erträglich, einem Beruf nachzugehen, der von ihrer eigentlichen Berufung, d. h. von dem, was ihnen wirklich entspricht, zu weit entfernt ist. Denn sie brauchen Sinn und Stimmigkeit.

Um den richtigen Beruf zu erlangen, brauchen wir Vertrauen, in uns und in das Leben. Wenn wir gelernt haben, gut für uns zu sorgen, werden wir stetig daran arbeiten, unseren Platz in der Welt zu finden. Wenn wir unsere inneren Konflikte im Zusammenhang mit dieser Thematik durchschauen, können wir eher herausfinden, welcher Beruf uns glücklich machen könnte. Und wir können Vertrauen in die eigenen Talente und Fähigkeiten entwickeln, auch und gerade dann, wenn wir das Gefühl haben, aufgrund hoher Sensibilität anders als die Mehrheit zu sein. Bei all dem möchte dieses Buch helfen.

Es gibt Kulturen, in denen hohe Sensibilität sehr geschätzt wird. Da die unsrige leider nicht dazu zählt, ist es für Hochsensible besonders schwer, den richtigen Beruf zu finden. Denn hohe Sensibilität wird hierzulande häufig verwechselt mit Introversion, Schüchternheit, Ängstlichkeit oder Neurotizismus.

Es ist jedoch völlig normal, ein sensibles Nervensystem zu haben. 15–20 % der Menschen sind damit ausgestattet. Es handelt sich um eine Anlage mit der wir geboren wurden oder eben nicht. Deshalb ist es sehr hilfreich zu wissen, was es eigentlich bedeutet, hochsensibel zu sein. Mit diesem Wissen lernen wir Vergangenes neu zu sehen. So werden so manche vermeintliche Fehler – eigene ebenso wie die unserer Mitmenschen – in ein neues Licht gerückt.

Hochsensible Menschen sind oft multitalentiert. Sie haben ein breites Interessensspektrum und wollen einen Beruf, der ihnen sinnvoll erscheint und der ihren ethischen Werten entspricht. Karriereplanung bedeutet für sie viel eher das Suchen nach ihrer Berufung als die Suche nach einem Job.

Dieses Buch soll Hochsensiblen eine Hilfe im Erkennen dessen sein, was ihre hohe Sensibilität ausmacht und wie sie damit im Arbeitsleben am besten umgehen können. Es wendet sich daher in erster Linie an Hochsensible, bietet aber auch viele interessante Informationen für alle anderen.

Das Buch bietet Ihnen Tipps für verschiedenste Herausforderungen am Arbeitsplatz, von denen hochsensible Menschen besonders betroffen sind – von problematischen körperlichen Arbeitsbedingungen, über Stress, Mobbing, Burnout, bis hin zu dem Problem, als Außenseiter zu gelten. Es erklärt verschiedene Berufsqualitäten, vom Frondienst, über den Job bis hin zur Berufung. All jenen, die sich fühlen, als müssten sie Frondienst leisten, möchten wir die Mechanismen verdeutlichen, die dazu führen, trotz objektiv vorhandener Alternativen in solchen unangenehmen Berufsverhältnissen zu verharren. Den vielen Hochsensiblen, denen es schwer fällt, zu ihrer Berufung zu finden, werden blockierende Konflikte für dieses Dilemma vorgestellt, damit sie ihren Weg finden können. Vor allem aber wollen wir auch das enorme Potential hochsensibler Menschen bewusst machen.

Das Buch ist reich an verschiedensten Tipps, Übungen und Strategien zum besseren Umgang mit hoher Sensibilität. Von diesen Tipps müssen Sie natürlich nicht alle befolgen. Sie sind deshalb so umfangreich ausgefallen, damit jeder Leser und jede Leserin sich aus ihrer Fülle das heraussuchen kann, was sich für ihn oder sie richtig anfühlt. Vertrauen Sie dabei Ihrer Intuition, und nehmen Sie sich Zeit.

Was ist Hochsensibilität?

- Haben Sie überdurchschnittlich oft das Bedürfnis, sich vom Trubel und der Hektik der Welt zurückzuziehen?
- Brauchen Sie Zeit für die gründliche Verarbeitung von Eindrücken?
- Haben Sie ein reiches und vielschichtiges Innenleben?
- Sind Sie sehr empfindlich auf Schmerzen, und/oder auf andere innere und äußere Eindrücke?
- Verfügen Sie über eine ausgeprägte Intuition?
- Können Sie bestimmte Geräusche oder Gerüche kaum ertragen?
- Werden Sie von den Stimmungen anderer Menschen stark beeinflusst?
- Reagieren Sie ungewöhnlich stark auf Medikamente oder Alkohol?
- Bemerken Sie Details, die anderen oft entgehen?
- Haben Sie ein besonders großes Bedürfnis nach Harmonie und Gerechtigkeit?

Wenn Sie vier oder mehr dieser Fragen mit »ja« beantworten, sind Sie wahrscheinlich hochsensibel. Falls Sie nur drei Fragen mit »ja« beantworten, diese jedoch in besonders hohem Maße auf Sie zutreffen, sind Sie wahrscheinlich ebenfalls hochsensibel.

Jeder Mensch, sei er nun mehr oder weniger empfindlich, fühlt sich innerhalb einer bestimmten Bandbreite von Anregung durch verschiedenste Reize am wohlsten. Zu wenig Anregung bzw. Stimulation führt zu Langeweile, zu viel führt zu Überforderung, Überreizung, Erschöpfung, Gereiztheit und dem Wunsch nach Rückzug. Die Schwelle, an der Langeweile oder Überforderung eintreten, ist bei jedem Menschen unterschiedlich.

Hochsensible Menschen zeichnen sich dadurch aus, dass sie eine optimale Anregung schon bei einem Maß an Stimulation erreichen, bei dem sich nicht Hochsensible noch langweilen. Wird die Stimulation gesteigert bis zu dem Punkt, an dem sich die nicht hochsensible Mehrheit wohl fühlt, sind hochsensible Menschen hingegen bereits überstimuliert. Dies liegt jedoch nicht daran, dass Hochsensible weniger Reize aushalten, sondern daran, dass sie feinere Nuancen und dadurch eine größere Fülle an Reizen innerhalb der gleichen Zeit wahrnehmen, denn:

> Hochsensible Menschen haben aufgrund einer physiologischen Disposition eine erhöhte Empfänglichkeit für Reize. Diese erhöhte Aufnahmebereitschaft für äußere (z.B. Geräusche, Gerüche, Berührungen) und innere Reize (z.B. Erinnerungen, Vorstellungen, Gedanken) führt dazu, dass Hochsensible mehr Informationen wahrnehmen. Zusätzlich verarbeiten sie diese wesentlich tiefer und gründlicher als nicht hochsensible Menschen.

Der Punkt der Sättigung, an dem man sich in eine reizärmere Umgebung zurückziehen möchte, ist bei ihnen daher früher erreicht. Das allen Hochsensiblen gemeinsame Hauptmerkmal ist also eine tiefere und detailgenauere Reizwahrnehmung und Verarbeitung, die mit dem rascher einsetzenden Zustand der Überstimulation einhergeht. Die individuellen Eigenheiten, Empfindlichkeiten und Begabungen der Hochsensiblen sind breit gestreut und in verschiedenen Bereichen angesiedelt. Bei aller Unterschiedlichkeit in den Details gibt es jedoch Hauptcharakteristika und Eigenheiten, die vielen Hochsensiblen gemeinsam sind. Diese werden im nächsten Abschnitt näher besprochen.

Zur Entstehung des Begriffs

Der Begriff »hochsensible Person« (kurz: HSP) wurde 1996 von der amerikanischen Psychologin Elaine Aron in ihrem Bestseller »The Highly Sensitive Person: How To Thrive When The World Overwhelms You« geprägt.

Jahre zuvor hatte Aron ihre eigene Hochsensibilität im Rahmen ihrer persönlichen Psychotherapie entdeckt. Aktuellen Schätzungen zufolge sind etwa 15 Prozent der Menschen hochsensibel. Die Hochempfindlichkeit ist in fast allen Fällen bereits ab Geburt feststellbar. Man vermutet, dass sie vererbt wird. (Zwillingsstudien weisen darauf hin.)

Eine Veranlagung – natürlich, jedoch weitgehend unbekannt

Forschungen haben gezeigt, dass bereits Babys unterschiedlich auf Reize reagieren. Etwa 15 % aller Säuglinge verarbeiten Außenreize ganz offensichtlich intensiver als die anderen 85 %. Diese 15 % hochsensiblen Babys haben weniger Schutz vor dem, was an sie herankommt. Ihr Gehirn ist wachsamer, rascher angeregt und häufiger alarmiert. Schon im Babyalter müssen Hochsensible daher besonders viele Informationen ordnen, verstehen und sie in ein Ganzes einbauen. Aus diesem Grund reagieren HSP jeden Alters empfindlich auf Situationen, in denen mehrere Dinge gleichzeitig auf sie einströmen.

Auch bei verschiedenen höheren Säugetieren konnte eine Sub-Population hochsensibler Individuen von etwa 15–20 % ausgemacht werden. Es sind dies diejenigen Individuen, die sich nicht kurzentschlossen in neue Situationen werfen, sondern erst innehalten, um die Lage genau zu erfassen. Manchmal wird ihnen dies zum Verhängnis, etwa wenn sie zu wenig angriffslustig sind. In anderen Situationen aber haben sie Vorteile, da sie sich nicht so leicht in Gefahr begeben und andere Individuen ihres Rudels vor drohenden Gefahren warnen können. Es kann daher angenommen werden, dass es für den Fortbestand vieler Arten günstig ist, wenn es eine Mischung von hochsensiblen und nicht-hochsensiblen Vertretern gibt.

Hochsensibilität wurde und wird ab und zu verwechselt mit Schüchternheit, Ängstlichkeit und/oder Introversion. Obwohl hochsensible Menschen schüchtern, ängstlich und introvertiert sein können, ist dies nicht zwangsläufig so. 30 % der HSP sind extrovertiert, und Hochsensible, die eine glückliche Kindheit hatten, entwickeln sich nicht auffallend häufig zu ängstlichen und schüchternen Erwachsenen.

Wichtig ist an dieser Stelle zu bemerken, dass die besonders bei Frauen weit verbreitete Meinung, Frauen seien sensibler als Männer, unrichtig sein dürfte. Laut diversen Untersuchungen und Umfragen gibt es unter Männern gleich viele Hochsensible wie unter Frauen. Allerdings führen Jahrtausende alte Rollenbilder und verzerrte Vorstellungen vom »richtigen Mann« dazu, dass Männer mit ihrer Sensibilität schlechter zurechtkommen und diese eher verbergen. Wir leben in einer Kultur, in der »Frauenversteher« eines von vielen Schimpfworten für hochsensible Männer geworden ist. (Ob da auch ein wenig Neid von Seiten der weniger Sensiblen mitschwingt?)

Viele Hochsensible müssen immer wieder erleben, dass sie abfällig als »Sensibelchen« oder schlimmeres bezeichnet werden, was den Beigeschmack des wenig Lebenstüchtigen hinterlässt. Selbst Menschen, die eine HSP lieben, geben ihr häufig Ratschläge wie »sei doch nicht immer so sensibel!«

Diese Negativaussagen resultieren oft aus einem Nichtwissen um das Thema »Hochsensibilität«. Auch ist die gesellschaftliche Wertschätzung der HSP kulturell sehr unterschiedlich. In einer internationalen Studie[1] wurden Schulkinder aus Shanghai mit Schulkindern aus Kanada verglichen, um herauszufinden, welche Kinder aufgrund welcher Wesenszüge am beliebtesten sind. Die Studie ergab, dass in China Schüchternheit und Sensibilität zu den beliebtesten Eigenschaften zählen. In der Sprache Mandarin bedeutet der Ausdruck

---

1 Yuerong, Sun: Social Reputation and Peer Relationships in Chinese and Canadian Children: A Cross-Cultural Study. In: Child Development 63/1992, S. 1336–1343.

sensibel kompetent

»schüchtern« oder »ruhig«, dass man sich gut oder richtig verhält. »Sensibilität« kann man mit »verständnisvoll« (lobend gemeint) übersetzen. In China werden Hochsensible daher bereits in der Schule von Mitschülern und Lehrern sehr geschätzt, und es wird ihnen große Hochachtung entgegengebracht. In Amerika und Kanada dagegen stehen hochsensible Schüler ganz unten in der Rangordnung.

Entgegen mancher Vorurteile sind Hochsensible nicht weniger aufnahmefähig als Nicht-HSP, sondern sie nehmen mehr Informationen pro Zeiteinheit auf und verarbeiten diese gründlicher. Natürlich kann dadurch aber für einen Nicht-Hochsensiblen der Eindruck entstehen, eine HSP könne weniger ertragen, wenn diese zu einem früheren Zeitpunkt reizüberflutet ist als die Nicht-HSP. Auch eine nicht-hochsensible Person erreicht irgendwann den Punkt der Reizüberflutung, allerdings später.

Diese Eigenart der Hochsensiblen wird häufig als Schwäche ausgelegt, ist doch das derzeit vorherrschende kulturelle Ideal nicht der feinsinnige, feinfühlige, nachdenkliche, vorsichtige Charakter, sondern die belastbare Kämpfernatur, die sich ohne Rücksicht auf Verluste und zur Not mit Ellenbogeneinsatz ihren Weg bahnt, die gut zurechtkommt in der rohen, hektischen Umwelt und die schnelle Entscheidungen trifft.

Hohe Sensibilität hat Nachteile, aber auch viele Vorteile. Reize wahrnehmen zu können, die an vielen anderen Menschen vorüber gehen, kann eine enorme Bereicherung sein. So sind hochsensible Menschen einfühlsamer und nehmen ganzheitlicher und detailorientierter wahr. Oft sind sie sehr kreativ, intelligent, gewissenhaft und haben eine ausgeprägte Intuition sowie ein besonders reiches Innenleben. In Situationen, die es erfordern, unterschwellige Reize wahrzunehmen und mit Bedacht zu handeln, sind Hochsensible gegenüber ihren nicht-hochsensiblen Mitmenschen ebenfalls im Vorteil.

Die Welt kann für hochsensible Menschen unglaublich farbenprächtig, facettenreich, sinnerfüllt und in ihrer Gesamtheit ein Kunstwerk sein. Das sind die Momente, in denen Hochsensibilität als großes Geschenk erlebt wird.

Studien ergaben, dass Hochsensible, sofern sie nicht unter akutem Stress stehen, gesünder und glücklicher sind als Nicht-HSP. Gesünder deswegen, weil sie ihr ausgeprägtes Frühwarnsystem rechtzeitig vor gesundheitlichen und anderen Gefahren warnt. Und glücklicher deswegen, weil HSP jede Emotion intensiver wahrnehmen. Überwiegen die positiven Emotionen deutlich, erleben HSP daher intensivere und tiefere Glücksmomente.

Eine negative Nebenwirkung der hohen Sensibilität ist das frühere Erreichen des Gefühls der Reizüberflutung oder Überforderung. So können Dämpfe oder Staub in der Luft einen Hochsensiblen ebenso stark beeinträchtigen wie laute Musik, grelles Licht, enge Kleidung oder das Dauersurren des Computers oder anderer Maschinen. Hunger kann einen Hochsensiblen so aus der Bahn werfen, dass er sich auch unter großer Anstrengung nicht mehr konzentrieren kann. Schlafmangel verringert die Leistungsfähigkeit von HSP ganz massiv, zwischenmenschliche Spannungen oder Konflikte bringen sie völlig durcheinander, und in Wettbewerbssituationen oder unter Beobachtung tun sie sich schwerer, gute Leistungen zu erbringen.

Typisch für Hochsensible ist zudem das Ringen mit sich selbst und mit der Frage, wie sie in Worte fassen sollen, was sie bewegt. Auch übermäßige Schreckhaftigkeit sowie das starke Bedürfnis nach Sicherheit und nach einem Umfeld, das frei ist von unangenehmen Überraschungen, kennzeichnen viele HSP. Häufig finden wir eine sehr starke Ansprechbarkeit Hochsensibler auf die Ängste, Sorgen und Nöte der Mitmenschen oder generell anderer Lebewesen.

Schwierigkeiten bringt die Tatsache mit sich, dass man als hochsensibler Mensch oft von seinen Mitmenschen unbewusst ein gleiches Maß an Feingefühl erwartet. Das kann dazu führen, dass man sich schnell unverstanden oder Ungerechtigkeiten ausgesetzt fühlt.

Denken Sie nicht, die Hochsensiblen seien schwach! Oft sind sie diejenigen, die in Zeiten des Terrors und der Unvernunft ihr Leben riskierten, um anderen zu helfen oder um die Wahrheit hochzuhalten. Denken Sie zum Beispiel an die Menschen, die während der nationalsozialistischen Schreckensherrschaft Verfolgte, mit denen sie nicht verwandt waren, versteckt haben. Waren es die »Dickhäuter«?

Die ganz »Coolen«? Nein, es waren überwiegend reife Hochsensible, die trotz ihrer Angst das Risiko auf sich genommen haben. Wenn auch viele Hochsensible im Alltag von Zweifeln und Ängsten geplagt sind, so sind sie doch in Krisen standfest und haben einen natürlichen Abscheu gegen Machtwillkür und Unvernunft.

Aus der Hochsensibilität resultieren besondere Bedürfnisse, aber auch besondere Begabungen und Fähigkeiten, die es verdienen, erkannt und gewürdigt zu werden. Dieses Buch möchte dazu einen Beitrag leisten.

Typische Eigenschaften

Indikatoren für Hochsensibilität sind ein intensiveres Wahrnehmen von Geräuschen, Gerüchen, optischen Eindrücken, Druck, Hitze, Kälte, sowie Sinnzusammenhängen, Stimmungslagen, Querverbindungen u.ä. sowie eine tiefere Verarbeitung all dieser Eindrücke. All das geht einher mit der Neigung zur Überstimulation.

Typische, meist als positiv erlebte Aspekte der Hochsensibilität sind:

• ausgeprägte Intuition und die Fähigkeit, zwischen den Zeilen zu lesen
• starker Gerechtigkeitssinn und Idealismus
• Feinfühligkeit
• intensives Empfinden, tiefes Wahrnehmen und Erleben
• Perfektionismus und Verlässlichkeit
• sehr gute Detailwahrnehmung
• sich von der Schönheit in Natur und Kunst stark angesprochen fühlen
• Denken in größeren Zusammenhängen, tiefe Reflexion
• starke Anteilnahme am Leid, aber auch am Glück anderer Menschen
• Empfänglichkeit für Mystik und Symbolik
• Kreativität

Typische, meist als negativ erlebte Aspekte der Hochsensibilität sind:

- Stress und Hektik sehr schwer ertragen zu können
- Neigung zu diversen Überempfindlichkeiten (Allergien, Nahrungsmittel-Unverträglichkeiten etc.)
- sich schwer abgrenzen können
- leichtes Erschrecken
- das Gefühl, wenig belastbar zu sein und kaum Reserven zu haben
- Neigung zur Überreaktion
- Hang zur Grübelei
- eventuell rasche Gereiztheit oder Verstimmtheit
- das häufige Bedürfnis, sich zurückzuziehen
- häufiges Übergangenwerden (vor allem im Berufsbereich), weil man sich nicht anpreist und keine Verbündeten sucht, sondern vergeblich darauf hofft, wegen der eigenen Kompetenz anerkannt zu werden.

Einige für das Berufsleben besonders wichtige Merkmale Hochsensibler wollen wir im folgenden genauer erläutern:

Neigung zu Überstimulation und Stress

Das allen Hochsensiblen gemeinsame Hauptcharakteristikum ist ein im Vergleich zu nicht-hochsensiblen Personen früheres Erreichen des Zustandes der Überreizung oder Überstimulation. Gunter Dueck, ‚Distinguished Engineer‘ bei IBM, satirischer Philosoph und selbst hochsensibel, beschreibt dies mit folgenden Worten: »*Jeder Mensch braucht eine gewisse Innenerregung, unter der er am besten arbeitet. Wenn er untererregt ist, ist er apathisch und frustriert. Wenn er übererregt ist, wird er hektisch und sagt: ‚Es macht mich verrückt‘. In einer kleinen Komfortzone arbeitet und lebt er gerade richtig. Und jetzt sehen Sie das Problem: Diese allgemein bekannte Kurve ist zwar im Prinzip richtig, aber nicht für uns beide* [HSP und Nicht-HSP; Anm. M. S.] *gleichermaßen! Jeder Mensch hat wohl leider eine andere Kurve.*«[2]

---

2   Dueck, Gunter: Highly Sensitive!. In: Informatik Spektrum, Band 28, April, Heft 2/2005, S. 151–157.

Bereits der vor allem für seine Entdeckung des bedingten Reflexes (»Pawlow'scher Hund«) im Jahre 1904 bekannt gewordene russische Forscher Iwan Pawlow beschäftigte sich mit der Empfindsamkeit des Menschen. Auf der Suche nach der Messbarkeit dieser Empfindlichkeit fand Pawlow heraus, dass es bei jedem Menschen einen markanten Punkt gibt, an dem er bei Überstimulation »dicht macht«. Um diesen Punkt bestimmen zu können, setzte Pawlow seine Versuchspersonen extremem Lärm aus. Überschreitet die Anzahl der Dezibel eine bestimmte Höhe, nehmen die Versuchspersonen instinktiv eine zusammengekrümmte Schutzhaltung ein. Wie zu erwarten, gibt es Menschen, die diese Schutzstellung früher und andere, die sie später einnehmen. Pawlows neue Erkenntnis war jedoch, dass es zwei deutlich voneinander unterscheidbare Gruppen von Menschen gibt. 15 bis 20 Prozent der Menschen erreichen den Punkt, an dem sie in die Schutzhaltung flüchten, sehr schnell. Danach kam lange nichts, bevor schließlich die weniger Sensiblen einer nach dem andern »dicht machten«. Pawlow war davon überzeugt, dass diese Anlage zur Empfindsamkeit erblich ist.

Empfindsamkeit ist also kein erworbener Defekt. Sie ist insbesondere nicht das Ergebnis einer besonders schweren oder einer besonders behüteten Jugend, sondern eine natürliche und sinnvolle Spielart, die einem gewissen Prozentsatz der Menschheit angeboren ist.

Intuition und Kreativität

Intuition ist Intelligenz mit überhöhter Geschwindigkeit
Aus Italien

Eine Begabung vieler Hochsensibler ist ihre ausgeprägte Intuition. Unter Intuition versteht man ein direktes Begreifen ohne Verwendung von bewusstem Nachdenken bzw. ein Begreifen der Wahrheit in ihrer Gesamtheit. Intuition schließt also nicht wie analytisch-wissenschaftliches Vorgehen von Einzelteilen zum Ganzen, sondern erfasst direkt das Ganze. Oft wird Intuition als Gegenstück zum diskursiven Denken gesehen. Einer komplementäreren Sicht zufolge ist Intuition so etwas wie ein »sechster Sinn«, der unbewusst bestimmt, wie wir unsere anderen fünf Sinne nutzen, um den Dingen auf den Grund zu gehen.

Der Schweizer Psychologe C. G. Jung bezeichnete die Intuition als eine grundlegende menschliche Funktion, die Unbekanntes erforscht und noch nicht offensichtliche Möglichkeiten ahnt.

Intuition ist die Summe mehrerer Kompetenzen, die:

- einen wesentlichen Teil erfolgreicher Lebensgestaltung ausmachen
- Möglichkeiten und Potentiale ahnen und spüren lassen
- einen idealen Zugang zu visionären Aspekten der Zukunftsgestaltung bieten
- als Basis für innovative und nachhaltige Entscheidungen dienen
- unentbehrlich in den Bereichen Management und Menschenführung sind.

Viele große Entdecker der Naturwissenschaften zeichneten sich durch eine ausgeprägte intuitive Inspiration aus, die meist den logischen Beweisen vorausging. So zeichneten etwa Galileo wie Newton erst ihre intuitiven Einsichten auf und machten sich erst hinterher an die Experimente, um diese Einsichten zu überprüfen und zu belegen. Besonders wichtig war und ist Intuition in Dichtung und Literatur, Musik, Malerei und Bildhauerei. So fügten sich etwa für Mozart seine Kompositionen spontan aus intuitiven Einfällen zu einem Ganzen zusammen und nahmen dann nach und nach in seinem Kopf die endgültige Form an.

Intuition führt zu einer unmittelbaren Informationsauswertung, die sich beispielsweise in Form unmittelbarer, plötzlicher Einsichten zeigt. Gerade in unserer hochtechnisierten Wirtschaftswelt ist Intuition eine nicht zu unterschätzende Kompetenz.

Eine weitere Begabung vieler Hochsensibler ist Kreativität. Kreativität ist flüssiges, flexibles und originelles Denken, das, oft mit Hilfe der Intuition, alternative Lösungswege findet. Kreative Lösungen zeichnen sich dadurch aus, dass man gedanklich eigentlich weit entfernt liegende Elemente miteinander zu verknüpfen weiß. Kreativität wird durch zu starre Strukturen wie streng vorgegebene Arbeitszeiten und -abläufe beengt. Die kreativ-intuitive Lösung von Problemen braucht Muße und den richtigen Zeitpunkt, weshalb kreativ Arbeitende sehr schwer in standardisierte Abläufe eingepresst werden können.

Es ist also nicht nur im Sinne der HSP, wenn sie für sich geeignete Arbeitsbedingungen mit viel Freiraum, wenig Ablenkung und wenig Kontrolle verlangen. Ebenso sehr liegt es im Interesse der nicht hochsensiblen Mehrheit, wenn die Hochsensiblen gute Bedingungen vorfinden, um ihre Stärken und Begabungen einbringen zu können

Idealismus, Perfektionismus und Gerechtigkeitssinn

> *Alles Große in der Welt geschieht nur,*
> *weil jemand mehr tut, als er muss.*
> Hermann Gmeiner

Idealismus ist eine Eigenschaft sehr vieler hochsensibler Menschen. Ein an Idealen ausgerichtetes Denken, das nach hochgesteckten Zielen und vollkommenen Zuständen, wie z.B. Gerechtigkeit, Wahrheit, Freiheit, ästhetischer Vollkommenheit oder Güte strebt, ist typisch für HSP. Wer solch hohe Ziele vor Augen hat, wird natürlich leicht enttäuscht. Auf der anderen Seite entsteht wirklich Großes meist nur da, wo es hochgesteckte Ziele gab. Hat man gelernt, mit den Enttäuschungen umzugehen, ist Idealismus eine Eigenschaft, durch die man sich selbst motivieren kann und durch die der Welt viel Gutes zuteil wird.

Das Unwort »Gutmensch« als abfällige Bezeichnung für idealistische Menschen zeigt allerdings deutlich, wie dringend unsere Gesellschaft eine bewusste Auseinandersetzung mit HSP, ihren Werten und ihrem Stellenwert in der Gesellschaft nötig hat.

Hochsensible sind meist sehr gewissenhaft und oft auch perfektionistisch veranlagt. Sie verlangen sich selbst sehr viel ab, sind genau und äußerst zuverlässig. Oft sind sie ihr strengster Kritiker. Gelegentlich richten unreife Hochsensible ihren Kritizismus auf die anderen. Dies geschieht jedoch meist nur so lange, wie es ihnen an eigener Erfahrung fehlt.

Überdies haben sie einen stark ausgeprägten Gerechtigkeitssinn. Dieser kann unreifen HSP viel Leid und Streit bringen, wird jedoch bei reifen Charakteren ein wichtiger Motor für ihre Bemühungen um die Verbesserung und Harmonisierung ihrer Umwelt sein.

Viele HSP sind empathisch

Viele HSP sind stark empathisch. Sie fühlen sich stark in ihre Mitmenschen ein, teilen dadurch deren Gefühle und erlangen somit Verständnis für das Handeln des anderen. Empathie ist eine Gabe, die es ermöglicht, einen guten Draht zur Psyche anderer Menschen zu haben. Empathie kann aber auch soweit gehen, dass Gefühle anderer übernommen werden. Bei Menschen, die sich sehr stark in andere einfühlen, besteht die Gefahr, die eigenen Wünsche und Gefühle so stark in den Hintergrund zu stellen, dass man verlernt, sie überhaupt noch wahrzunehmen.

In diesem Zusammenhang soll jedoch nicht verschwiegen werden, dass 1. nicht alle Hochsensiblen besonders empathisch sind und dass es 2. auch bei den Empathen unter den HSP, vor allem in Momenten der Überstimulation, durchaus vorkommen kann, dass sie wenig empathisch wirken, da sie dann ihre ganze Energie dafür aufwenden (müssen), sich selbst zu schützen.

Besondere Empfindlichkeit für Geräusche

Viele Hochsensible sind besonders lärmempfindlich. Das Geräusch einer nahenden Schnellbahn, Polizeisirenen, das Bellen von Hunden, lautes Babygeschrei oder Maschinenlärm kann ihnen körperliche Schmerzen verursachen. Aber auch leise Dauergeräusche wie das Brummen des Computerlüfters, das Ticken von Uhren oder das permanente Surren eines auf ‚Standby‘- Modus geschalteten TV-Gerätes können HSP sehr stressen. Musikberieselung im Kaufhaus führt dazu, dass Hochsensible so überstimuliert sein können, dass es ihnen schwer fällt, sich auf den Einkauf zu konzentrieren. Das Stimmengewirr oder die Hintergrundmusik in Restaurants führen oft dazu, dass sie Gesprächen kaum folgen können. Am Arbeitsplatz sind es oft Radioberieselung, Stimmengewirr oder die Geräusche von Elektrogeräten oder Maschinen. Sie können zu Erschöpfung und Konzentrationsschwierigkeiten führen.

Im beruflichen Umfeld ist es für HSP besonders wichtig, solche Stressquellen zu orten und nach Möglichkeit Abhilfe zu schaffen. Die Arbeitsleistung wie auch die persönliche Zufriedenheit werden enorm steigen.

Körperchemie und genetische Einflüsse

Ein Problem für viele Hochsensible ist der häufige Übergang von Kurzzeit- zu Langzeitstress. Stresst uns etwas, schüttet der Körper das Stresshormon Adrenalin aus. Nach Beendigung der Stresssituation senkt sich der Adrenalinspiegel wieder auf den Normalzustand. Liegen die stressauslösenden Momente aber zeitlich nahe aneinander, schaltet die Körperchemie irgendwann auf Langzeitstress. Bei Hochsensiblen, deren Reizschwelle niedriger angesiedelt ist, die also viel mehr Reize wahrnehmen, gibt es mehr stressauslösende Faktoren, sodass diese naturgemäß zeitlich näher beieinander liegen. Erlebt man solch eine länger andauernde Kette von Stressmomenten, wird das Langzeitstresshormon Cortisol ausgeschüttet, dessen Abbau wesentlich länger (oft Stunden bis Tage) dauert als der Abbau von Adrenalin. Ein längerfristig erhöhter Cortisolspiegel begünstigt Vergesslichkeit, kann zu hohem Blutdruck führen, zu größerer Infektanfälligkeit, Essstörungen, Knochen- und Knorpelabbau und anderen Störungen. Daher ist es für HSP besonders wichtig, auf ihren empfindsamen Körper zu achten, sich regelmäßig Zeiten der Ruhe und Entspannung zu gönnen und Techniken zu erlernen, die helfen, Stress abzubauen.

Ebenfalls interessant in Bezug auf die Körperchemie Hochsensibler ist Serotonin. Serotonin ist ein Botenstoff im Gehirn, der den Informationsaustausch zwischen den Gehirnzellen ermöglicht. Es hat u. a. Einfluss auf das Erinnerungs- und Lernvermögen, Appetitkontrolle, Beklemmung, Stimmungslage, Sexualität, Vorstellungskraft, Schlaf-Wach-Rhythmus, körperliche Temperaturregelung, Muskelbewegungen, Drüsenfunktionen, Schmerz, Migräneanfälligkeit und hohen Blutdruck. Ein Mangel an Serotonin verursacht eine Depressionserkrankung.

Wenn man über längere Zeit einem Stressfaktor ausgesetzt ist, wird Cortisol ausgeschüttet. Cortisol wiederum hemmt Serotonin. Lange andauernde Reizüberflutung bewirkt also einen höheren Cortisolspiegel, der wiederum dazu führt, dass der Serotoninspiegel zu niedrig ist, wodurch man für weitere Reizüberflutungen noch anfälliger wird. So kommt es, dass chronisch Überstimulierte einen dauerhaft niedrigen Serotoninwert haben.

Es ist möglich, den Serotoninspiegel auf natürliche Weise zumindest geringfügig zu erhöhen, denn Tryptophan, die Vorstufe von Serotonin, kann durch Ernährung beeinflusst werden, beispielsweise durch Schokolade, Käse, Geflügel, Nüsse und Fisch. Außerdem scheinen besonders Bananen, Walnüsse, Tomaten, Weintrauben und Kiwis eine Erhöhung des Serotoninwertes im Blut zu bewirken. Auch Menschen, die sich ausschließlich vegetarisch ernähren, haben einen höheren Serotoninspiegel im Blut. Ausdauertraining und viel Licht ist ebenfalls sehr förderlich.

Daher ist es für HSP besonders wichtig, auf ihre eigenen Grenzen zu achten, um ihre Gesundheit zu schützen. Leider machen viele hochsensible Menschen den Fehler, ihre Grenzen zu ignorieren um »so zu sein wie die anderen«. Dadurch leisten sie zwar kurzfristig gleich viel oder mehr, treiben jedoch Raubbau an ihrer Gesundheit. Wenn HSP in einem für sie geeigneten, weil reizarmen Umfeld arbeiten, leisten sie sehr viel. Insbesondere sind die von ihnen dann gelieferten Ergebnisse überdurchschnittlich: kreativ, durchdacht und nachhaltig.

Introversion und Schüchternheit

Der Schweizer Psychoanalytiker Carl Gustav Jung hielt viel von den sogenannten »sensitiven Introvertierten«. Jung, der aus einer Familie von selbstbewussten Hochsensiblen stammte, definierte den introvertierten Menschen als »am Subjekt interessiert« und den extrovertierten als »am Objekt interessiert«. Jung kam zu dem Schluss, dass Introvertierte am liebsten in einem selbst-kontrollierten Umfeld lebten, in dem sie das Maß an sensorischem Input selbst regulieren könnten. Für ihn lag es auf der Hand, dass sich diese Menschen durch häufigeren Rückzug und gute Dosierung von Stimuli besser schützen müssten.

Laut Elaine Aron sind etwa 70 % der Hochsensiblen introvertiert, 30 % der HSP sind extravertiert. Introversion und Hochsensibilität sind also nicht ein- und dasselbe, wenn auch viele Hochsensible introvertiert sind und es einige Überschneidungen zwischen Introversion und Hochsensibilität gibt, wie etwa die stärkere Neigung sowohl Hochsensibler als auch Introvertierter zu rascher Überstimulation.

Hochsensible, die eine glückliche Kindheit hatten, werden laut Elaine Aron nicht eher zu ängstlichen oder depressiven Erwachsenen als Nicht-HSP. Daher ist Hochsensibilität mit Depressivität keinesfalls gleichzusetzen. Hochsensible mit problematischer Kindheit neigen allerdings verstärkt zu Depressionen und Ängsten im Erwachsenenalter. Dies trifft auf etwa ein Drittel der HSP zu. Zwei Drittel sind weder depressiv noch von Ängsten geplagt.

Viele Hochsensible haben es schwerer, den für sie richtigen Beruf zu finden, Beziehungen zu knüpfen und generell ein hohes Selbstbewusstsein und Selbstwertgefühl aufzubauen. Mehr als andere müssen sich hochsensible Menschen mit ihren seelischen Verletzungen auseinandersetzen, da sie diese nicht einfach vergessen oder ignorieren können. Seelische Krisen bewältigen sie oft weder leicht noch schnell. Dafür jedoch – unter Umständen mit professioneller Hilfe – gründlich. Jede Lebenskrise, egal, ob von einem HSP oder einem Nicht-HSP durchlebt, geht mit hohem Stress einher. Da Hochsensible auf Stress aber eher als andere mit Überreizung reagieren, kann sie auch eine solche Krise tiefer treffen und bei ihnen eher zu Angststörungen, Schlafstörungen oder Depressionen führen.

Häufig wird Hochsensibilität mit Schüchternheit verwechselt. Elaine Aron erforschte den Zusammenhang zwischen Schüchternheit und Hochsensibilität an College- Studenten und wies nach, dass Hochsensible nur dann zu schüchternen Erwachsenen geworden sind, wenn sie eine stark belastete Kindheit durchlebt hatten. Hochsensibilität und Schüchternheit sind daher nicht, wie manchmal fälschlicherweise angenommen, ein- und dasselbe. Schüchterne Menschen haben Angst vor negativer Beurteilung oder Zurückweisung und sind deshalb sehr vorsichtig, während Hochsensible, die auf sich achten, vorsichtig im Hinblick darauf sind, dass sie nicht in den unangenehmen Zustand der Überstimulation geraten.

Zusammenfassend lässt sich daraus folgern, dass hochsensible Kinder zumindest dazu neigen, zu schüchternen Erwachsenen zu werden. Daher ist besonders darauf zu achten, sie zu fördern und zu schützen, damit dies nicht oder möglichst nur eingeschränkt eintrifft.

Im Berufsleben sollten sensible Menschen darauf achten, ihr Feingefühl und ihre Problemlösungskompetenz in den Vordergrund zu rücken. Beteiligen Sie sich auch manchmal am Smalltalk, um weder arrogant noch schüchtern zu wirken. Wenn Sie Rückzug brauchen, verkünden Sie dies in selbstbewusster Weise. Es ist unwahrscheinlich, dass nicht hochsensible Kollegen Ihre Bedürfnisse verstehen. Aber sie werden diese akzeptieren, wenn Sie diese klar und ohne viel Aufhebens artikulieren.

Weitere Gemeinsamkeiten

Zu den weiteren Gemeinsamkeiten vieler hochsensibler Menschen zählen:

- die Tendenz, Beraterrollen einzunehmen. So finden sich Hochsensible analog zu ihrer früheren Rolle als Berater an der Seite der Herrscher auch heute noch häufig in der Beraterrolle wieder. HSP sind oft sehr einfühlsam und werden daher als Berater besonders in schwierigen Lebenslagen von ihrer Umgebung geschätzt, weil sie Sachverhalte in ihrer Komplexität wahrnehmen und sich stärker und tiefergehender damit auseinandersetzen als andere Zuhörer.
- die Tendenz zu erhöhter Empfindlichkeit für diverse Medikamente. Laut einer Umfrage auf www.zartbesaitet.net, der Homepage von Georg Parlow, dem Autor von »Zart besaitet«, haben 15–20 % der HSP eine erhöhte Empfindlichkeit für verschiedene Inhaltsstoffe von Medikamenten.
- die Tendenz, sehr emotional zu sein. Viele Hochsensible weinen leicht, können sich aber auch sehr freuen.
- die Tendenz zu starker Schreckhaftigkeit, d.h. dazu, schon bei kleineren Überraschungen intensiv zu erschrecken.

Ganz wichtig ist, sich stets darüber im Klaren zu sein, dass Hochsensibilität keine Schwäche bedeutet. Es soll nicht verschwiegen werden, dass sie (vor allem im Zusammenspiel mit unserer modernen Welt) Nachteile mit sich bringt, aber sie hat auch wesentliche Vorteile.

Weitere Begabungen und Fähigkeiten

Man geht davon aus, dass für den Fortbestand und das Wohlerge-
hen einer Population eine Mischung von hochsensiblen und nicht-
hochsensiblen Vertretern ideal ist. So stürzen sich hochsensible Tiere
nicht wie andere auf neue, einladende Reize, sondern bleiben zunächst stehen und erkunden die Lage vorsichtig. Umgekehrt sind sie
oft die ersten, die ferne Möglichkeiten sehen, riechen oder auf sonstige Art wahrnehmen.

Zu den wertvollen Eigenschaften hochsensibler Menschen zählt,
dass sie im allgemeinen sehr gewissenhaft sind und die Fähigkeit haben, sich tief zu konzentrieren. Besonders gut schneiden sie bei Tätigkeiten ab, die Schnelligkeit, Wachheit und Genauigkeit erfordern.
Hochsensible sind außerdem sehr gut darin, kleine Unterschiede und
feinste Nuancen zu erkennen.

Konflikte können sie meist bereits benennen, wenn diese noch
in der Anfangsphase sind. Diese Fähigkeit ist im Berufsleben sehr
wertvoll. Viele HSP haben eine ausgeprägte Sozialkompetenz. Da
sie feinste Nuancen wahrnehmen, erkennen sie Stimmungen anderer
Menschen sehr gut.

Reife Hochsensible behalten mögliche Konsequenzen von Worten und Taten stärker im Auge und können diese sehr früh erkennen, denn sie haben aufgrund ihrer guten Intuition stets das große
Gesamtbild vor Augen. Sie reflektieren insgesamt mehr und nehmen
stärker wahr, was unter der Oberfläche abläuft.

Weitere typische Begabungen und Fähigkeiten hochsensibler Menschen sind:

- großes Potential zum Erkennen und Vermeiden von Fehlern
- Gewissenhaftigkeit und Ethik
- überdurchschnittliche Konzentrationsfähigkeit, sofern wenige Unterbrechungen stattfinden
- ausgeprägte Fähigkeit zum Erkennen kleiner Differenzen
- Nachdenklichkeit, Reflexionsfähigkeit, gründliche Verarbeitung des Wahrgenommenen
- Hochsensible sind häufig sehr kritisch und perfektionistisch veranlagt
- lebenslange Lernfähigkeit und Neugierde
- sie werden stark beeinflusst von den Stimmungen und Emotionen anderer (dies kann sowohl positiv als auch negativ sein)
- gute Feinmotorik
- gut beim Stillhalten
- eher ‚rechtshirniges' Denken, d. h. weniger linear, stattdessen kreativ und synthetisierend

Neben der Schattenseite der früheren Überstimulation birgt eine hohe Sensibilität also vor allem auch ein enormes Potential. Hochsensibel zu sein hat eben zwei Seiten, wobei es die eine nicht ohne die andere gibt. Welche der beiden Seiten überwiegt, ist von äußeren wie auch inneren Faktoren abhängig.

Die Einstellung zum Thema »Sensibilität« in der Herkunftsfamilie einer HSP ist maßgeblich beteiligt an der Ausprägung des Selbstbildes:

Alexander, ein 28-jähriger hochsensibler Mann stammt aus einer Familie, in der es viele Hochsensible gibt. Sowohl seine Schwester, als auch seine Mutter sowie eine Großmutter und beide Großväter sind HSP. Die positiven Eigenschaften Hochsensibler wurden in Alexanders Familie stets wertgeschätzt. Seine Schwester ist Cellistin, die Mutter Therapeutin, die Großeltern führten gemeinsam ein kleines Buchgeschäft. Alexanders Interesse für Tiere, die Natur sowie für Musik wurde früh erkannt und gefördert, seine feinfühlige, ruhige Art sehr geschätzt. Er wuchs in einem liebevollen Umfeld auf, das ihm die Botschaft »Du bist wertvoll so, wie du bist« mit auf den Lebensweg gab. Heute ist er ein selbstbewusster junger Mann, von Beruf Botaniker, der seine Sensibilität zu schätzen weiß und mit ihren negativen Seiten gut umgehen kann.

Die 30-jährige Franziska hingegen stammt aus einer Familie, in der hohe Sensibilität mit Lebensuntüchtigkeit verwechselt wurde. Der Vater, ebenfalls HSP, unterdrückte seine wahre Natur. »Nur die Harten kommen durch«, so seine Devise. Franziskas hohe soziale Kompetenz wurde nicht wertgeschätzt, sondern im Gegenteil als minderwertige Anpassungshaltung abgetan. Ihr Wunsch, Psychologin zu werden, wurde ins Lächerliche gezogen. Um endlich Anerkennung von ihrem Vater zu erhalten, studierte Franziska Betriebswirtschaft, um danach in der Marketingabteilung eines großen Unternehmens zu arbeiten. Erst als es ihr zunehmend schlechter ging und ihr klar wurde, dass sie ihr Leben ändern muss, setzte sie sich durch. Heute studiert sie erfolgreich Psychologie, wohnt in größerer Entfernung von den Eltern und lebt ihr eigenes Leben mit dem Ziel, Kinderpsychologin zu werden. Nach und nach lernt sie die positiven Seiten ihrer Sensibilität, ihre speziellen Begabungen und Fähigkeiten, zu schätzen.

Hochsensible Menschen in der Vergangenheit[3]

Die erste menschliche Arbeitsteilung war wahrscheinlich die in Schamane und Nichtschamane, mit anderen Worten: HSP und Nicht-HSP. Die frühesten Aufgaben der Schamanen bzw. Hochsensiblen dürften das Beobachten, Interpretieren und Beeinflussen der Natur gewesen sein. Es waren HSP, die Querverbindungen zwischen Mensch und Natur erkannten, die Wetterzyklen beobachteten und interpretierten und die günstige Zeitpunkte für Anbau, Ernte oder Jagd erkannten. Sie waren Mittler zwischen den Menschen und der nichtmenschlichen und göttlichen Welt und somit eine Art urzeitlicher Priester. Das Beschwören der Naturgeister durch selbstgeschaffene Abbilder, mit Hilfe von Rhythmen und bildhaften Mustern

---

3   Zur Rolle der Hochsensiblen in früheren Kulturen siehe auch: Parlow, Georg: Zart besaitet. Selbstverständnis, Selbstachtung und Selbsthilfe für hochempfindliche Menschen. Festland Verlag, Wien 2003.

und das Entwerfen von Kommunikation mit den höheren Mächten können als Anfänge von Zeremonie und Kunst gesehen werden. Nach dem Priestertum beherrschten HSP also auch die Domäne von Kunst und Wissenschaft. Weitere traditionelle Zuständigkeitsbereiche Hochsensibler sind die Überlieferung und Archivierung. Darüber hinaus waren HSP häufig für die Bereiche der Heilung und Gesundheit, der Ganzheit und Lebenshilfe zuständig.

Ein weiteres Aufgabengebiet war das der Berater, die für die Wahrung der sozialen Stabilität sorgten, indem sie die Stimme der Vernunft und Bedächtigkeit an der Seite der Entscheidungsträger bildeten. In vielen früheren Kulturen bildeten Hochsensible eine von zwei herrschenden Klassen. Die eine Klasse bestand aus durchsetzungsfähigen Anführern oder Kriegern, die andere aus Beratern, Richtern, Priestern, Gelehrten und Astrologen. Hochsensible bildeten diese zweite Instanz. Ohne Hochsensible an den Spitzen der Gesellschaft stehen die Anführer in Gefahr, impulsive Entscheidungen zu treffen, ihre Macht zu missbrauchen und zukünftige Möglichkeiten zu übersehen. HSP hatten daher einen festen Platz in der Mitte der Gesellschaft, wo ihr großer Weitblick und ihre komplexe Wahrnehmung hochgeschätzt wurden.

In unserer heutigen, westlichen Zivilisation werden Hochsensible jedoch eher an den Rand gedrängt. Sie stellen sich meist nicht in den Vordergrund, fühlen sich in Konkurrenzsituationen unwohl und sind somit im Berufsleben oft jene, welche keine Beförderung erhalten. Sie inszenieren sich nicht und verkaufen sich nicht lauthals.

Hinzu kommt, dass die für hochsensible Menschen früher typischen Berufe in jüngster Zeit einen Wandel erfuhren und nun großteils zu nervenaufreibend und profitorientiert sind. In früheren Zeiten waren HSP Priester oder Berater, Künstler, Wissenschaftler, Ärzte, Heiler, Hebammen oder Richter. Aber mit dem Einzug der Technologie in viele dieser Bereiche und mit den sehr reglementierten und nervenaufreibenden Ausbildungen als Voraussetzung für die Ausübung vieler dieser Berufe werden HSP mehr und mehr von den nicht Hochsensiblen aus diesen Bereichen verdrängt. Dazu kommt in Gesundheitsberufen die Notwendigkeit, täglich viele Stunden, oft unter großem Stress, arbeiten zu müssen, um diese Stellen bekleiden zu können. So geraten HSP-Domänen wie das Gesundheitswesen, das Lehramt, das Rechtswesen und sogar die Kunst zunehmend in die Hände von Nicht-HSP. Das bedeutet, sie werden auf Krieger-Art bekleidet und bewegen sich mehr und mehr in Richtung Profit und Expansion als vorrangige Ziele anstatt Harmonisierung, Gerechtigkeit und Nachhaltigkeit. Je komplizierter und stimulierender die Welt wird, desto stärker ist dieser Trend.

Berufliche Refugien für Hochsensible sind heute noch der Therapeutenberuf, Psychologie, helfende Berufe, aber auch Programmierer und andere Bereiche, wo konsequente Logik gefragt ist, sowie Nischen im Lehramt. Auch Wissenschaftler, Künstler und Archivare von Wissen und Kunst sind noch immer zu einem guten Teil Hochsensible. Wenn auch in diesen Bereichen die Rahmenbedingungen teilweise ungünstig sind und zunehmend problematisch werden, so sind diese Bereiche doch Refugien, wo Idealismus und Feingefühl noch ihren Platz haben.

Doch jede Gesellschaft und jede Lebensform bezahlt für die Nichteinbeziehung und Nichtbeachtung der wertvollen und besonderen Fähigkeiten ihrer hochsensiblen Vertreter früher oder später ihren Preis. Eine Gesellschaft ohne sensible Berater kommt irgendwann in Schwierigkeiten, denn ihr fehlt das nötige Korrektiv, gegen den Kult des Stärkeren und die Jagd nach kurzfristigen Erfolgen. Diese Schwierigkeiten sind jetzt schon bemerkbar, und es ist hoffentlich nur mehr eine Frage der Zeit, bis dementsprechend gehandelt wird.

Arbeitswelt heute

*Nachdem wir das Ziel endgültig aus den Augen verloren hatten,
verdoppelten wir unsere Anstrengungen.*
Mark Twain

Der 49-jährige hochsensible Werner spricht vielen HSP aus der
Seele, wenn er über die gegenwärtigen Arbeitsbedingungen sagt:
*»Manchmal frage ich mich tatsächlich, in welche Welt wir unsere Kin-
der entlassen. Krieg ist zwar kein Thema, jedenfalls nicht jetzt, aber die
Perspektivlosigkeit kann schon ganz schön entmutigen. Dazu kommt auch
noch, dass wir immer noch vermitteln, dass der Traumberuf das Nonplus-
ultra sei. Ist es auch, aber nur für sehr wenige. Eine Erkenntnis, die sich
nur sehr langsam in unseren Köpfen festsetzt. Das war der Luxus des aus-
gehenden letzten Jahrhunderts. Jetzt werden leider fast nur noch Menschen gebraucht, die möglichst billig zupacken, egal wo.«*

Für viele hochsensible Menschen ist das Thema »Arbeit« mit großen Problemen verbunden. Ihr Weg zu einem erfüllenden Berufsleben ist oft lang und mühsam. Die Anforderungen des heutigen
Arbeitsmarktes entsprechen weitgehend nicht den HSP und ihren
Fähigkeiten und Talenten. Die eigene Berufsfindung, das Aufspüren
einer beruflichen Nische, in der man sinnvolle Arbeit leisten kann,
die dem eigenen Idealismus entgegenkommt, ist nicht leicht. Sich in
bestehende berufliche Strukturen einzufügen, ohne sich dabei selbst
zu verleugnen, ist ein großer Meilenstein und leider oft eine große
Hürde im Leben hochsensibler Menschen.

Sieht man sich die gegenwärtigen Strukturen der Arbeitswelt an,
verwundert dies nicht: Wettbewerb, Ellenbogentechnik, Konkurrenzdenken und das Anstreben kurzfristiger Erfolge bestimmen das

Arbeitsleben. Steigende Arbeitslosenraten zwingen das Individuum zur Anpassung, nicht die Arbeitgeber.[4]

Eine Jury, die jedes Jahr das »Unwort des Jahres« auswählt, hat für das Jahr 2004 das Wort »Humankapital« auf den ersten Platz gesetzt.[4]

Das kapitalistische Wirtschaften hat dazu geführt, dass der Einzelne sich mehr und mehr selbst anpreisen und verkaufen muss, als sei er eine Ware. Nach und nach wurde alles und jedes zur Ware, auch der Mensch selbst, weshalb er perfekt funktionieren und aussehen soll. Andernfalls kann er leicht ausgetauscht werden. Dieses perfekte Funktionieren aber steht wieder im Dienste einer kapitalistischen Arbeitsethik und ist daher auf eben deren Wertsystem ausgerichtet. Es sind daher nicht Idealismus, vorausblickendes Denken, Fairness, humanitäre Werte oder Feinfühligkeit, die gefragt sind, sondern Gehorsam nach oben, Durchsetzungsvermögen nach unten.

Dass die besonderen Fähigkeiten Hochsensibler oft auf der Strecke bleiben, liegt auf der Hand.

Gunter Dueck spricht sich dafür aus, dass die Hochsensiblen sich Gehör verschaffen, um angesichts der heutigen Arbeitsweltstrukturen nicht unterzugehen und um ihre ganz speziellen Fähigkeiten, die gerade in der heutigen Zeit eigentlich so dringend gebraucht würden, zeigen und anwenden zu dürfen. In seinem Artikel »Highly Sensitive!« verdeutlicht er seine Ansicht mit folgenden Worten:

»Hören Sie als Hochsensibler auf, das Trommeln, das Angeben und Marketing aller Art zu verdammen! Besonders die Mathematiker weinen, dass Mathematik nicht wahrgenommen wird, nicht geschätzt! Warum werben sie nicht dafür? Mathematiker flüstern: ‚Siehst du denn nicht, dass Mathematik überall ist?‘ Und die Menschen schauen sich verwundert um und antworten: ‚Nein. Ich sehe nichts. Ich kenne Mathe nur aus der Schule. Dort musste ich Mathematik sehen, wegen dem Zeugnis.‘ Hochsensible Dichter flüstern: ‚Siehst du nicht die Schönheit der Worte, die den Sinn bekleiden?‘ Alles ist hochsensibel fein – und nicht wahrnehmbar für die Lauten.

---

4 Laut »Essenz der Arbeit« von Thomas Diener, Arbor Verlag, Freiamt, 2006.

Die hochsensiblen Wissenschaftler – alle! alle! – schreiben ihre Wahrnehmungen, ihre ganz feinen Wahrnehmungen so fein auf, dass nicht einmal der nächstsitzende Hochsensible auf demselben Flur die so genannte wissenschaftliche Veröffentlichung versteht oder nachfühlen kann. Danach weinen sie über die mangelnde Rezeption ...
Hochsensible! Trommelt! Werdet dick gedruckt! Selbstbewusst! Kommt heraus aus dem Kasten! Aus dem Elfenbeinturm! Nie – nie werdet ihr es so weit bringen, dass euer Ich zu unangenehm laut wird, denn dazu seid ihr zu sensibel. Aber es kann wahrgenommen werden – das wird gehen. Dazu braucht es viel Übung. Denn das Ich, das sich erstmals hinaus wagt, wird erst etwas ungelenk und tölpelhaft wirken. (Das sagt man mir selbst manchmal.) Lautstärke allein tut es ja nicht, ein wenig Eleganz muss schon dazu. ‚Warum schreist du plötzlich so?', fragt mich Johannes [Gunter Duecks Sohn (Anm. der Autorin)]. *Laut sein will gelernt sein.*

Wir müssen wieder zeigen, dass Autos nur mit einem wunderbaren Motor funktionieren und nicht nur aus Dumping-Sonderangeboten und Billigzinsen bestehen. Die Welt muss wieder die Feinheit der Inhalte verstehen. Die Wissenschaftler und Chefingenieure müssen wieder wahrgenommen werden – die Welt ist mit ihrem ‚Geiz ist geil' zu weit vom global Guten weg. Firmen und Universitäten müssen auch wieder die Bodenhaftung im Feinen finden, in der Konstruktion der Inhalte und in Innovationen. Die hochsensitiven Inhalte müssen wieder zur lauten Form aufsteigen. Chefingenieure und Wissenschaftler – es geht nicht allein mit guten Bilanzexperten!«[5]

Verschärfung der Bedingungen

Der 35-jährige Martin arbeitet als Manager in einer großen Firma. Er ist hochqualifiziert und ein geschätzter Mitarbeiter. Zwar konnte er sich im Laufe der Jahre sehr gut in der Firma etablieren, dennoch spürt er den zunehmend stärkeren Konkurrenzkampf und die immer härteren Arbeitsmarktbedingungen. Der Druck, unter dem er arbeitet, belastet ihn mittlerweile so sehr, dass er ernsthaft an eine Kündigung denkt. Jeden Morgen hat er Magenschmerzen und geht inzwischen mit großem inneren Widerwillen zur Arbeit. Er merkt, dass

---

5   Dueck, Gunter: Highly Sensitive!. In: Informatik Spektrum, Band 28, April, Heft 2/2005, S. 151–157.

ihm die Arbeitsbedingungen psychisch wie körperlich immer mehr zusetzen und beginnt zu zweifeln, ob er für die heutige Arbeitswelt denn überhaupt geeignet sei.

So wie Martin geht es sehr vielen Menschen, und ganz besonders den Hochsensiblen. Fachliche Qualifikationen reichen heute oft nicht mehr. Stattdessen muss man zunehmend auch unter großem Druck gute Arbeitsleistungen erbringen, Konfliktsituationen mit kühlem Kopf meistern, man soll gut in Teams arbeiten können, Kundenkontakt oder Präsentationen sollten mühelos von der Hand gehen. All dies bei zunehmender Reizüberflutung in einer Leistungsgesellschaft, in der alles in immer kürzerer Zeit erledigt werden soll, wo dennoch immer mehr Überstunden verlangt werden und wo der Druck steigt, weil viele um ihren Arbeitsplatz fürchten.

Für viele Hochsensible zählt häufiges Präsentieren ihrer Arbeitsergebnisse vor Gruppen nicht zu ihren Stärken. Überhaupt machen die meisten hochsensiblen Menschen nicht gerne viel Aufsehen um ihre beruflichen Leistungen, sodass es vorkommen kann, dass diese zu wenig registriert und anerkannt werden. Oder noch schlimmer, sie werden gar nicht als ihre eigenen Leistungen erkannt und stattdessen anderen, die mehr Aufheben um sich machen, zugeschrieben.

Auch Kundenkontakt kann für HSP eine große Karrierehürde darstellen, besonders, wenn Kunden nicht nur beraten, sondern erst offensiv gewonnen werden müssen. Der starke Konkurrenzkampf vieler Gewerbezweige macht dies aber zunehmend nötig, – ein Trend, der zur Natur hochsensibler Menschen so gar nicht passt.

Eine Studie der Wiener Gruppe für Integritätsmanagement ergab, dass rund 50 Prozent der österreichischen Manager unter schlechtem Gewissen leiden.

Die Verschärfungen der Arbeitsbedingungen werden zunehmend nicht nur für Menschen in untergeordneten Positionen zum Problem, sondern auch für Führungskräfte.

Einige der gegenwärtig gängigen Arbeitsbedingungen, die im Widerspruch zum Charakter einer typischen HSP stehen:
- Viele Berufe erfordern Konkurrenzdenken. → Hochsensible haben häufig eine Abneigung gegen Wettbewerbssituationen. Ihr Konkurrenzdenken ist oft kaum ausgeprägt.

- Viele Berufe sind verkaufsorientiert. Es gilt, Ideen, Produkte, Dienstleistungen oder die eigene Arbeitsleistung zu vermarkten. → Hochsensible fühlen sich sehr unwohl, wenn sie anderen etwas aufdrängen oder sich selbst anpreisen sollen.
- Viele Berufe erfordern ein sehr bestimmtes, fast schon aggressives Auftreten sowie ein lautes, die Aufmerksamkeit auf sich ziehendes Wesen. → Die meisten Hochsensiblen sind zurückhaltend, subtil und agieren gerne im Hintergrund.
- Viele Berufe belohnen Leistung ausschließlich mit Geld. → Die meisten Hochsensiblen sehnen sich darüber hinaus nach Anerkennung sowie dem Gefühl der Sinnhaftigkeit ihrer Tätigkeit.
- Anpassungsfähigkeit und Flexibilität sind heute mehr gefragt denn je. → Hochsensible können sich stark reizüberflutenden Situationen jedoch oft nur kurzfristig oder nur unter sehr großer Anstrengung, die auf Kosten der Arbeitsleistung geht, anpassen. Viele von ihnen fühlen sich durch Veränderungen sehr belastet.
- Die Bereitschaft zu Überstunden wird immer wichtiger. → Hochsensible benötigen allerdings regelmäßig Zeit zur Regeneration.

HSP arbeiten äußerst ungern unter Druck und sind stressanfällig. Sie benötigen keinen Konkurrenz- oder Termindruck, um Bestleistungen zu zeigen. HSP erledigen ihre Arbeit am besten in einer stressfreien Umgebung mit wenig Kontrolle und Aufsicht. Aufsicht und Kontrolle benötigen sie nicht, weil sie aufgrund ihrer starken Arbeitsmoral ohnehin ihr Bestes geben.

> Die Verschärfungen der Arbeitsmarktbedingungen machen hochsensiblen Menschen daher besonders zu schaffen.

In unserer Gesellschaft zählt »Leistung« zu den höchsten Werten. Für manche ist sie gar die einzige Möglichkeit zur Selbstdefinition. Diejenigen Hochsensiblen, die so denken, sind in einer schwierigen Lage. Sie müssen sich, um sich als wertvolles Gesellschaftsmitglied zu fühlen, dem wachsenden Druck und den verschärften Bedingungen am Arbeitsmarkt stellen. Wer sich hingegen über etwas anderes als »Leistung« definiert, und die meisten Hochsensiblen tun dies, kann sich eher in eine berufliche Nische flüchten, wo vielleicht weniger Prestige, dafür aber mehr Sinn und Lebensqualität erreichbar sind.

Kurzfristiger Erfolg anstelle nachhaltiger Lösungen

Ein typisches Merkmal hochsensibler Menschen ist ihre Intuition und ihr rasches Erfassen von Zusammenhängen. Aufgrund dieser Veranlagung interessieren sich HSP für das Gesamtbild und für mögliche Auswirkungen von Aktionen. Sie bringen daher ideale Voraussetzungen mit, um Projekte zu konzipieren, bei denen nachhaltiger Erfolg gewährleistet ist. Im derzeitigen Wirtschaftsleben werden allerdings kurzfristige Erfolge gegenüber nachhaltiger Wirksamkeit häufig bevorzugt. Weitsichtiges Vorausplanen und grundlegende Veränderungen sind selten gefragt. Immer wieder dieselben Fehler zu machen und zum Erzielen rascher, aber flüchtiger Erfolge das Prinzip »nach mir die Sintflut« anzuwenden, ist im Wirtschaftsleben ganz normal.

Gunter Dueck hat zu diesem Thema ähnliche Gedanken: »Die Leitideen der heutigen Arbeit stammen aus einer Urformel der Arbeit...Diese Formel...führt uns traditionell zu einer falschen Auffassung der Arbeitswelt. Wer die Formel anschaut, ist versucht, den Arbeitenden zuzurufen: ‚Seid brav! Sorgfältig! Aufmerksam! Müht euch!‘ Aber nicht (was richtig wäre): ‚Seid kreativ! Gestaltet neu! Verändert! Freut euch!‘ Die Urformel der Welt suggeriert ein falsches Prinzip oder eine falsche Leitlinie. Die Urformel suggeriert das Prinzip ‚Sei brav!‘ Sie verführt, Regelsysteme zu entwerfen, die zu eng an der Formel gebaut sind. Solche Regelsysteme wollen Fehlerfreiheit, schnelleres Arbeiten, Eile, pausenlose Rastlosigkeit, unendliche Mühen. Sie zementieren das Bestehende (wozu sie gedacht sind), aber sie verändern nicht (was sie ja verhindern sollen).«[6]

---

6   Dueck, Gunter: Wild Duck. Empirische Philosophie der Mensch-Computer-Vernetzung. Springer, Berlin 2000, S. 240.

Gerade für kreative Visionäre, von denen es unter den Hochsensiblen viele gibt, ist es quälend, sich an solche Spielregeln anzupassen. Wenn wir Leistungen erbringen, die uns zwar Anerkennung und Geld bringen, die wir jedoch für langfristig nutzlos oder zumindest suboptimal halten, verlieren wir die Freude an unseren Erfolgen. Wir wollen Probleme nicht mit Fleiß kaschieren, sondern lösen.

Der Kult des Stärkeren

»Ich will wieder einmal sagen, dass die Arbeitswelt in dieser Zeit viel zu grob mit uns umspringt und uns hochsensitive Menschen offensichtlich damit eher beerdigt als motiviert. Und wenn Sie nicht zurück hauen können, will ich wenigstens sagen, dass alles mit Ihnen okay ist, außer, dass die Welt zu grob für Sie ist oder dass Sie zu fein sind für die Welt. Sie sind fein! Ganz fein! Und das ist das Problem. Zu fein! Und das Feine weint über das Grobe und das Grobe findet das weinende Feine depressiv.«[7]

Sich anpreisen können, die eigenen Talente optimal vermarkten können, öfters mal übertreiben, aufschneiden, sich hervortun, sich in den Vordergrund drängen, anderen nach dem Mund reden, Schwächere hinter sich lassen, sich mit fremden Federn schmücken, andere benutzen, um auf der Erfolgsleiter nach oben zu kommen... Dies sind einige der Eigenschaften, die mit »Erfolgsstreben« gleichgesetzt werden. Zugleich sind es allesamt Eigenschaften, die für hochsensible Menschen untypisch sind.

Die Arbeitsatmosphäre wird angesichts des immer größeren Konkurrenzdrucks und der steigenden Arbeitslosigkeit häufig getrübt durch einen ruppigen Umgangston und erschreckende Gleichgültigkeit im Kollegenkreis sowie gegenüber Untergebenen. Konkurrenzkampf und Einzelkämpfer-Verhalten wachsen in dem Maße, wie immer mehr Sozialleistungen abgebaut, Arbeitsleistungen wegrationalisiert, Arbeitsverhältnisse gelockert (keine Fixanstellungen, mehr

---

7 Dueck, Gunter: Highly Sensitive!. In: Informatik Spektrum, Band 28, April, Heft 2/2005, S. 151–157.

Werkverträge etc.) und ältere Menschen zum »alten Eisen« geworfen werden.

Eine Ursache ist ein seit etwa den 80er-Jahren immer stärkerer und tiefgreifenderer Strukturwandel in der Arbeitswelt. So sind moderne Arbeitsstrukturen oft von rein projektbezogenem Denken und Handeln geprägt, wodurch der Mensch letztlich zur temporär agierenden und dann vernachlässigbaren Denkmaschine oder zum funktionalen »Modul« entwürdigt wird. Dieses utilitaristische Kalkül greift immer erschreckender.

Wer dennoch »obenauf« sein will, muss sich dieser kalkulierenden, entmenschlichten Denk- und Handlungsweise anpassen und selbst agieren, als wäre er die perfekte Arbeitsmaschine. So entstand der immer mehr um sich greifende Kult des Stärkeren, unter dem gerade die besten Eigenschaften der Hochsensiblen wie Idealismus, weitreichendes Denken, Sinn für große Zusammenhänge, Feinfühligkeit, Rücksicht auf Schwächere und Empathie mehr und mehr unter die Räder kommen.

Daseinskampf statt Lebenssinn

»Die liebenden wahren Menschen strömen Liebe aus und versuchen im Grunde, eine gewisse Welterwärmung oder globale Klimaverbesserung zu erreichen. Sie möchten die Welt wärmer gestalten, weil sie als Pflanzen betrachtet darin besser gedeihen würden. Aber die Welt ist, gemessen an dem, was sie Wärme nennen würden, sehr kalt. Sie selbst spenden ja Wärme. Sie sind lieb zu den Menschen, tun ihnen allerlei Gefallen, schenken rote Rosen, sind romantisch. Jeden Tag sollte Valentinstag sein! Sie verströmen. Sie sind voller Gefühl, leiden mit, freuen sich mit, fühlen die anderen Seelen. Sie sind quasi mit einer besonderen Intuition für das Gefühlsleben zur Welt gekommen. Sie sind die geborenen emotionalen Intelligenzen.

Aber die Welt bleibt kalt und ungerührt normal. Sie bewegt sich nicht, wenn man ihr rote Rosen schenkt. Die Welt verlangt von allen, auch von den liebenden wahren Menschen, normal zu sein. Das missverstehen die Liebenden und schließen, dass ihre Liebe nicht erwidert wird. Daraufhin verstärken sie ihre Wärmeabgabe und lieben, lieben, lieben mit aller Kraft. Aber die Welt versteht sie nicht und bleibt ungerührt. ‚Sag mal, was tust du da, hör auf, immer zu lieben. Nun sei nützlich und trag den Müll raus.

Dann bist du für uns lieb. Liebe muss man sich verdienen.' Da stirbt nach und nach die Liebe im Liebenden, dessen Liebe immer missverstanden wird. Und es dämmert ihm in einem schrecklichen Irrtum, dass vielleicht an ihm selbst-, dem Liebenden, ein Makel sein könnte, dessentwegen die Liebe von den anderen nicht widergespiegelt wird?

Was ist an mir, dass die Welt so kalt ist? Und sie fragen in wachsender Verzweiflung die Eltern, die Freunde, die Kollegen: ‚Warum erwidert ihr die Liebe nicht? Was ist an mir?' Und sie werden alle immer antworten: ‚Nichts ist an dir! Außer vielleicht dieses eine: Du spinnst!'«[8]

Diese Zeilen von Gunter Dueck illustrieren die Diskrepanz zwischen dem Wesen vieler hochsensibler Menschen und den Bedingungen, unter denen sie leben und arbeiten. Jede Pflanze hat ihren bestimmten Platz im Garten. Manche wachsen am besten in der Sonne, andere im Halbschatten, einige im Schatten. Manche Pflanzen brauchen viel Wasser, andere wenig. Manche bevorzugen lehmigen Boden, andere sandigen. Woanders als dort, wo die Bedingungen für sie günstig sind, gedeihen Pflanzen nicht gut. Die starken überleben zwar unter schlechten Bedingungen, aber sie kümmern jämmerlich vor sich hin und blühen nicht. Genauso verhält es sich mit den Menschen. Sie überleben im falschen Klima, aber sie blühen nicht auf.

Es gibt Menschen, die Konkurrenz im Arbeitsleben durchaus als anspornend empfinden, die dadurch sogar zu Höchstleistungen angetrieben, zum Erblühen gebracht werden. Doch nur die wenigsten HSP. Hochsensible Menschen arbeiten dann am besten und erfolgreichsten, wenn sie ohne sich mit Ellenbogen behaupten zu müssen Sinn und Herausforderung in ihrer Tätigkeit sehen, wenn sie darin Erfüllung und Freude finden. Für hochsensible Menschen gilt ganz besonders, dass sie mit Leidenschaft arbeiten, wenn sie während der Arbeit eins sein können mit sich selbst. Das ist dann der Fall, wenn sie ihre Arbeit als sinnvoll empfinden. Dazu Gunter Dueck: »*Wer Arbeit ‚nicht einsieht', macht Arbeit nicht gut.*«[9]

---

8   Dueck, Gunter: Topothesie. Der Mensch in artgerechter Haltung. Springer, Berlin 2005, S. 311.

9   Dieses und die folgenden 2 Zitate aus: Dueck, Gunter: Wild Duck. Empirische Philosophie der Mensch-Computer-Vernetzung. Springer, Berlin 2000, S. 410.

Hochsensiblen ist es außerordentlich wichtig, von echtem Interesse, authentischer Begeisterung, wahrer Bestimmung und von genuinem Drang erfüllt zu sein. Diese tiefe Sehnsucht nach Sinn kollidiert oft hart mit den Bedingungen der Arbeitswelt, in der »Überlebenskampf« statt »Lebenssinn« angesagt ist.

Hochsensible tun sich daher oft schwer, zu bekommen, was ihnen wahrhaft entspricht. Im Berufsleben stehen sie häufig unter Dauerstress, denn das Tempo wird ständig verschärft, und der steigende Konkurrenzkampf macht ihnen schwer zu schaffen. Ohne Stress könnten Hochsensible allerdings weit mehr leisten. HSP sehnen sich nach Sinn in ihrer beruflichen Tätigkeit. Wo finden sie Sinn? Sie können in einem Pflegeberuf arbeiten, für wenig Ansehen, mäßiger Bezahlung, dafür aber mit viel Sinn. Wenn sie allerdings unter ständigem Zeitdruck arbeiten müssen, sodass ihnen für jeden Patienten oder Klienten zuwenig Zeit bleibt und keine wirkliche Lebenshilfe, sondern nur Überlebenshilfe möglich ist, wird es selbst in Pflegeberufen, die eigentlich stark sinnstiftend sein könnten, schwierig.

In Zeiten des Konkurrenzkampfes haben Hochsensible oft das Gefühl, nur mehr nach Messungen arbeiten zu müssen. Wer arbeitet am meisten? Wer hat die meisten Verkaufsabschlüsse? Wer kann sich am besten präsentieren? Wer erreicht die vorgegebene Quote souverän? Oder besser noch: Wer überbietet sie? Unter der Last solcher Zielvorgaben geht häufig die Moral verloren.

So wird gekämpft um das, was manche leider als Effizienz missverstehen. Vieles, was Hochsensible zu bieten hätten, wird dabei gar nicht wahrgenommen. Dazu gehören, laut Dueck:
• Begeisterung und Leidenschaft
• Sinn für Schönheit und Ästhetik
• Gefühl für das, was im Trend liegt, was der Kunde will, was ihn begeistert
• Kreativität und vorausblickendes Denken
• Stilsicherheit
• Fähigkeit, mitzureißen, zu überwältigen, zu interessieren
• ‚Story telling‘-Fähigkeit
• Empathie
• Sympathie erzeugen können

- etwas bildhaft darstellen können, in Bildern denken und sprechen können
- Freude empfinden, zeigen und geben können
- Sprachgewandtheit
- Vertrauen schenken können, Vertrauen geschenkt bekommen
- wirklich, authentisch sein zu können, Sinn und Wärme ausstrahlen
- Uneigennützigkeit
- Humor und Zuversicht
- genießen können
- Fähigkeit zur Deeskalation
- Integrität

Vielleicht werden diese Qualitäten zu wenig wahrgenommen, weil sie nicht so leicht messbar und quantifizierbar sind? Nicht gemessen wird tendenziell das, was nicht zu Logik gehört. Solche und ähnliche Faktoren rangieren heute unter dem Begriff »soft factors« bzw. »weiche Faktoren«. Dazu Gunter Dueck: »*Es ist weich, weil es nicht verstanden ist. Es würde verstanden, wenn es gemessen wäre.*«

Firmen merken zunehmend, dass sich hinter den »soft factors« die ausschlaggebenden Eigenschaften potentieller Mitarbeiter verstecken. Auch Gunter Duecks Forderung »*Wir müssen das Weiche durch Messungen hart werden lassen, um ihm Relevanz wiederzugeben*« wird zunehmend nachgegangen. Persönlichkeitstests erlangen immer größere Bedeutung bei der Personalauswahl, und diese Tests können immer mehr unterschiedliche »soft factors« messen.

Ob diese Tendenz in eine für Hochsensible günstige Richtung weist, bleibt abzuwarten. In der Zwischenzeit suchen sich Hochsensible berufliche Nischen, in denen nicht ausschließlich logisch Messbares zählt – und vor allem: in denen statt Überlebenskampf Lebenssinn vorherrscht. Sie tendieren zu Berufen, wo sie sich nicht stillschweigend in ein ihnen widersprüchlich, ungerecht oder unsinnig erscheinendes System eingliedern müssen. Hochsensible sehnen sich danach, einen tieferen Sinn in ihrem Tun erkennen zu können. Sie sehnen sich nach beruflichen Tätigkeiten, in denen sie sich selbst verwirklichen und ohne den Druck eines ständigen Konkurrenzkampfes etwas schaffen, leisten oder anbieten können, das anderen Lebewesen zugute kommt und auf nachhaltige Weise hilfreich ist.

Herausforderungen am Arbeitsplatz

Für hochsensible Menschen gibt es am Arbeitsplatz verschiedenste Herausforderungen. Die meisten davon können zwar auch für weniger Sensible eine Hürde darstellen, jedoch sind Hochsensible öfters und stärker davon betroffen. So zählen etwa Stress, Mobbing und Burnout zu den typischen, stets wachsenden Problemkreisen des modernen Arbeitslebens. Für Hochsensible gibt es allerdings aufgrund ihrer feineren Detailwahrnehmung deutlich mehr potentielle Stressquellen, sodass sie häufiger und stärker von Stress betroffen sind. Die Schwelle zur Überstimulation aufgrund problematischer körperlicher oder psychischer Bedingungen wird früher überschritten. Sie sind auffallend oft Opfer von Mobbing und brennen aufgrund ihres Idealismus und ihres großen Engagements auch eher aus, d. h. sie geraten eher ins Burnout als nicht-hochsensible Menschen.

Die folgenden Abschnitte sollen Tipps und Hinweise geben
• zum Umgang mit den Herausforderungen, die Arbeitsaufgaben bieten können,
• über Smalltalk, Meetings und Präsentationen sowie dem Umgang mit Kollegen und Vorgesetzten,
• zu den problematischen körperlichen Bedingungen, die am Arbeitsplatz auftreten können,
• zu dem Problem, ausgenutzt zu werden,
• über Mobbing,
• zum Thema Stressabbau und -vorsorge sowie
• zur Prävention von Burnout und Tipps für von Burnout Betroffene.

- sowie darüber, was man als Hochsensibler beachten sollte, wenn man ein neues Arbeitsverhältnis beginnt.

Die Arbeitsaufgaben

Die Arbeitsaufgaben können vor allem dann eine Herausforderung darstellen, wenn sie mit häufiger Überstimulation verbunden sind. Muss man als Hochsensibler beispielsweise unter ständigem Zeitdruck arbeiten, kann dies großen Stress verursachen. Auch starke Kontrolle durch Vorgesetzte oder Kollegen ist für HSP kontraproduktiv. Sie erledigen ihre Aufgaben ohnehin sehr gewissenhaft, und Kontrolle bewirkt lediglich, dass sie sich aufgrund des Stresses, der durch die Beobachtung entsteht, schlechter konzentrieren können.

Zu Gewissenskonflikten kommt es bei hochsensiblen Menschen, wenn die Arbeitsaufgaben mit ihrem Wertesystem oder ihrem ethischen Empfinden nicht in Einklang stehen. Etwas zu tun, das ihren Gerechtigkeitssinn, ihren Sinn für Moral bzw. für »richtig« und »falsch« untergräbt, widerstrebt Hochsensiblen immens.

Beginnen Sie ein neues Arbeitsverhältnis, ist es wichtig, sich ehrlich zu fragen, ob die Arbeitsaufgaben Freude machen, ob sie ohne allzu große dauerhafte Überstimulation zu meistern sind und ob sie in das eigene Wertesystem passen. Sie können sich überlegen, welche Voraussetzungen Sie unbedingt benötigen, um gute Arbeit leisten zu können und sich vorbereiten für den Fall, dass diese nicht gegeben sind. In dem Fall könnten Sie sich selbst als hochsensiblen Menschen deklarieren, die eigene Veranlagung erklären und für allzu überstimulierende Bereiche um Reduzierung der Stimulation bitten (beispielsweise geschlossene Türen oder keine Radioberieselung während der Arbeit). Dieser Schritt sollte aber sehr gut überlegt sein. Er sollte nur dann getan werden, wenn Sie sich relativ sicher sein können, damit auf offene Ohren zu treffen. Ansonsten könnten Sie sich selbst in eine Außenseiterrolle befördern. Sehr wichtig ist auch, wie und mit welchen Worten Sie die eigene Veranlagung erklären. Sagen Sie beispielsweise, Sie brauchen relativ viel Zeit alleine, um gut zu arbeiten, können Sie das auf unterschiedliche Weise tun. Entweder so, dass Sie als asozial dastehen, oder auch so, dass Sie das Image eines gründlichen, tiefgründigen Denkers erhalten. Es kann gelegentlich günstig sein, die Begriffe »hochsensibel« oder »hochsensibler Mensch« zu erwähnen und mit knappen Worten zu erklären. Meist wird es aber besser sein, diese Begriffe nicht zu verwenden, um nicht den Eindruck zu erwecken, man sei ein Außenseiter, der ganz anders ist als alle anderen. Dabei, wie und mit welcher Wortwahl man die eigene Veranlagung und die eigenen Bedürfnisse erklärt, sind Fingerspitzengefühl und das Beachten der eigenen Intuition gefragt.

Vorgesetzte und Kollegen

Lange Arbeitsstunden, steigender Leistungsdruck, die immer stärker geforderte Flexibilität, immer mehr öffentliche Präsentationen, ständige Verkaufsbereitschaft, die oft verlangte Konfliktfreudigkeit, die Verpflichtung, an beruflichen Meetings teilzunehmen oder sie gar zu leiten, all dies kann hochsensible Menschen enorm stressen.

Davon abgesehen sind generell das soziale Umfeld und der Kontakt mit Menschen, die oft völlig anders zu sein scheinen als man selbst, für Hochsensible oft überstimulierend.

Da viele HSP sich relativ wenig mit Kollegen unterhalten, etwa, weil sie die Arbeitspausen für sich alleine benötigen, um sich zu regenerieren, stehen sie oft außerhalb von sozialen Netzwerken. Dadurch sind sie oft weniger sichtbar. Deshalb kann es geschehen, dass sie entweder als Underdog behandelt oder als vermeintlich arrogante Personen schikaniert werden.[10] Der Grund dafür sind fehlende Informationen, da HSP dazu tendieren, kaum etwas von sich preiszugeben. Hat man keine greifbaren Informationen, werden Menschen zur Projektionsfläche. Die Lösung für dieses Problem lautet »Kommunikation«.

Hochsensible Menschen haben häufig eine Abneigung gegenüber Smalltalk oder dem typischen Bürotratsch. Interaktion mit Arbeits-

---

10 Zu dieser Problematik siehe auch: Parlow, Georg: Zart besaitet. Selbstverständnis, Selbstachtung und Selbsthilfe für hochempfindliche Menschen. Festland Verlag, Wien 2003.

kollegen besteht aber meist aus nichts anderem und ist daher oft nicht das ihre. Es ist jedoch wichtig, sich nicht ganz von der Kommunikation mit den Kollegen auszugrenzen, um nicht als arroganter Einzelgänger in Verruf zu geraten. Es ist weder nötig über andere zu lästern, noch Einzelheiten aus dem eigenen Privatleben preiszugeben. Aber ein wenig sollte man sich doch in Unterhaltungen einbringen, indem man etwa kleine Anekdoten erzählt oder ähnliches.

Auch kann man sich überlegen, ob man eher reden oder lieber zuhören will. Will man eher zuhören, ist es günstig, ein paar spezifische Fragen zu stellen, auf die der andere nicht mit »ja« oder »nein« antworten kann (z. B. »Was machen Sie gerne, wenn Sie nicht im Büro sind?«). Will man selbst reden, kann man das Gespräch mit einem Satz beginnen, der dem Gegenüber einen Anhaltspunkt zum Nachfragen bietet (z. B. »So ein schlechtes Wetter, nicht wahr? Meine Katze wird wieder empört sein.«)

Vielen Hochsensiblen fällt es schwer, Kollegen oder – noch schlimmer – den Vorgesetzten um etwas bitten zu müssen. Man sollte dies wenn möglich nicht aufschieben, sondern dann fragen, wenn man das Benötigte tatsächlich gerade braucht. Oder aber man sammelt mehrere Anliegen und äußert diese dann, wenn man sich dafür aufgelegt fühlt, auf einmal. Bei wichtigeren Bitten ist es günstig, sich Notizen zu machen, d. h. sich exakt zu notieren, was man erbitten wird und wie man es formuliert sowie mögliche Reaktionen zu bedenken und sich schon vorher Antworten darauf zu überlegen, um auf diese Weise Überraschungsmomenten vorzubeugen. Wer sehr unsicher ist, kann auch vor dem Spiegel oder mit einem Freund einen Probedurchlauf machen.

Noch unangenehmer ist es für Hochsensible, sich über etwas zu beschweren. Da hilft nur üben. Am Besten ist es, damit zu beginnen, erst kleinere Beschwerden zu äußern, bis man sich auch an größere heranwagt. Und: Sich auf verschiedene Antwortmöglichkeiten vorbereiten.

Besprechungen in einer Gruppe – Arbeitsmeetings

Finden am Arbeitsplatz öfters Besprechungen statt, zu denen man nicht unbedingt etwas beitragen muss, ist es doch gut, dennoch zumindest ein wenig zu sagen, denn: Sagt man absolut gar nichts, wird man zum Außenseiter, dem gerade aufgrund seines beharrlichen Schweigens mehr Beachtung zukommt, als er wollte.

Für den Fall, dass man in die Situation kommt, etwas sagen zu müssen, ohne dass man Zeit hatte, sich vorzubereiten und darüber nachzudenken, ist es gut, sich Aussagen zurechtzulegen wie: »Darauf möchte ich gerne zurückkommen, wenn ich ein wenig darüber nachgedacht habe.« Oder: »Etwas anderes, das ich anmerken möchte, ist …«. Oder: »Eine Möglichkeit wäre XY, wenn ich ein wenig darüber nachdenken kann, finden sich aber sicher noch andere Möglichkeiten«.

Weitere Tipps für Meetings:
- vorher 5 Minuten entspannen, tief und bewusst atmen
- Grüßen und Lächeln beim Betreten und Verlassen des Raumes
- sich einen strategisch günstigen Sitzplatz wählen (z. B. nahe bei der Tür, um unauffälliger kurz hinausgehen zu können)
- sich Notizen machen hilft bei der Konzentration auf Wesentliches
- nonverbale Signale (Nicken, Lächeln, Augenkontakt) einsetzen, um zu signalisieren, dass man bei der Sache ist
- ab und zu irgendetwas sagen, fragen oder jemandem zustimmen
- wenn man überstimuliert ist, kann man auch sagen, dass man über einen bestimmten Aspekt erst nachdenken möchte, bevor man seine Meinung dazu äußert

Firmeninterne Trainings können für Hochsensible ebenfalls überstimulierend sein, da HSP schlechter arbeiten können, wenn sie überwacht oder auf andere Weise überstimuliert werden, z. B. durch zu viele Informationen auf einmal, zu viele Leute, mit denen sie zusammenarbeiten sollen etc. Je kleiner die Trainingsgruppe, desto günstiger ist es daher für Hochsensible. Einzeltrainings mit nur einem Coach sind der Idealfall. Da dieser aber selten eintritt, ist es ebenfalls erleichternd, die Trainingsunterlagen mit nach Hause zu nehmen, wo man alles in Ruhe noch einmal durchgehen kann.

Öffentlich sprechen zu müssen fällt vielen Hochsensiblen besonders schwer. Sie sind meist Perfektionisten und sehen viele potentielle Fehlerquellen, was zusätzlich verunsichert. Folgende Tipps können zu Ihrer Entlastung beitragen:

Tipps für Präsentationen[11]

• Akzeptieren Sie, wenn Sie nervös sind. Das ist in dieser Situation normal.
• Üben Sie die Rede vorher, erst allein, möglichst nicht nur im Kopf, sondern laut und in der späteren Redeposition, dann vor Publikum (Freunden), bis Sie sich sicher fühlen.
• Wenn möglich, machen Sie eine Generalprobe mit möglichst ähnlichen Bedingungen wie am Tag des Ereignisses (selbe Kleidung, selbe technische Einrichtungen, selber Raum etc.).
• Nehmen Sie unbedingt Notizen mit, an die Sie sich halten können. Sie können ruhig alles wörtlich niederschreiben und es, wenn es aufgrund der Nervosität anders nicht geht, wörtlich ablesen. Wenn Sie zwischendurch immer wieder ins Publikum blicken, ist das kein Problem.
• Suchen Sie einige freundliche Gesichter im Publikum, in die Sie immer wieder blicken können.
• Sprechen Sie etwas lauter als sonst.
• Setzen Sie Humor ein.
• Halten Sie sich vor Augen, dass Sie nicht perfekt sein müssen.
• Belohnen Sie sich selbst nachher.

Die Maske als Schutz

Hochsensible haben häufig das Problem, sich vorzukommen, als würden sie sich vollkommen verstellen, wenn sie nicht 100%ig authentisch sind. Sie möchten als der erkannt werden, der sie sind und keine Rollen spielen. Manchmal können Masken, in die man kurzfristig schlüpft, allerdings entlastend wirken. Beispielsweise dann, wenn es in einer beruflichen Situation (z.B. einer Projektbespre-

---

11 Tipps für Hochsensible, die Reden halten müssen, findet Sie auch bei: Parlow, Georg: Zart besaitet.

chung mit potentiellen neuen Auftragsgebern) einmal nicht möglich ist, sich als HSP zu deklarieren. In solchen Fällen hilft es, wenn man weiß, wie man hinter einer Schutzmaske, der sogenannten »Persona«, agieren und dennoch im Rahmen der eigenen Persönlichkeit handeln kann.

Das Wort »Persona« kommt aus dem Griechischen und bedeutet »Maske«. Hinter der Maske kann man sein, wer man will. Für kurze Zeit ist dies eine gute Taktik.

Dazu die 37-jährige hochsensible Sara: *»In Arons Buch[12] habe ich das mit der Persona/Maske gelesen. Das mache ich eigentlich auch. Ein bisschen so wie Theater spielen, aber im Rahmen meiner Persönlichkeit. Z. B. wenn jemand mir gegenüber sehr schüchtern ist, kann ich extrovertiert sein, um ihm das Gefühl zu geben, er braucht nicht viel zu sagen, ich kann auch mit dem Wenigen was anfangen und amüsiere mich gut dabei. Oder, wenn ich mich irgendwo beschwere, kann ich eine kühle und sehr sachliche Seite von mir rauslassen, damit ich überhaupt Erfolg habe (nett und höflich sein hilft da meistens wenig). Was ich meine ist, dass ich mein Verhalten grundsätzlich eher als zurückhaltend, höflich, konfliktscheu, etc. definieren würde, aber bei Bedarf auch anders sein kann. Das bin dann nicht mehr ,Ich' privat, sondern draußen, wo ich Ziele erreichen will, Leute auf Distanz halten möchte, usw.«*

Sich am Arbeitsplatz als hochsensibler Mensch zu »outen« und zu erklären, was dies bedeutet und welche Vor- und Nachteile die hohe Empfindsamkeit mit sich bringt, ist selten anzuraten. In einigen wenigen Arbeitsumfeldern kann es von Vorteil (oder zumindest nicht von Nachteil) sein. In den meisten Fällen aber ist es heute leider immer noch so, dass die Nachteile, die es mit sich bringt, sich als Hochsensibler zu deklarieren, deutlich überwiegen und dass man als »Weichei«, »Traumichnicht« oder »Mimose«, die sich vor unangenehmen Aufgaben drücken will, missverstanden wird. Auch der systemische Coach Gunther Polak rät, sich *»unter den gegebenen gesellschaftlichen Rahmenbedingungen nicht als HSP zu outen«.*

---

12 Aron, Elaine: The Highly Sensitive Person. How to Thrive When the World Overwhelms You. Broadway Books, New York 1997.

Problematische körperliche Bedingungen

Für viele Hochsensible stellen die körperlichen Bedingungen, unter denen sie arbeiten müssen, ein ernsthaftes Problem dar. Sprüche wie »Da musst du drüberstehen!« helfen HSP nicht, die unter unakzeptablen Arbeitsbedingungen leiden.

Folgende Rahmenbedingungen am Arbeitsplatz sind für hochsensible Menschen am häufigsten problematisch:

Licht:
- permanente Neonbeleuchtung
- zu viel Kunstlicht
- zu viel oder zu wenig Tageslicht durch Fenster

Abhilfe können hier Tischlampen schaffen. Auch ist das Licht von Tageslicht- oder Halogenlampen angenehmer als die meisten anderen Kunstlichtarten. Hat man kein Einzelzimmer, in dem man gegen zuviel Tageslicht Jalousien anbringen kann, hilft oft nur ein Zimmer- bzw. Platzwechsel.

Geräusche:
- Stimmen
- Telefone
- akustische Dauerbelästigung durch Baumaschinen, Fahrzeuge, Produktions- und Verarbeitungsanlagen
- subtilere Belästigung (subtiler deshalb, weil diese von Nicht-HSP kaum als belästigend erlebt wird) durch den Dauerton von Leuchtstoffröhren, Ventilatoren, Kopiergeräten, Computersurren oder Tastaturklappern
- Radioberieselung

Ist man mit den Gefühl, durch Geräusche gestört zu werden, allein, muss man oft genug »Sympathiepunkte« haben, um eine Spezialbehandlung zu bekommen. Ist man beispielsweise der einzige in einem Team, der spezielle Probleme lösen kann, hat man Vorteile. Nicht nur, aber sicher auch deshalb ist es sehr günstig, wenn man sich in dem Betrieb, in dem man arbeitet, zum Experten auf irgendeinem Gebiet machen kann.

Eine weitere Möglichkeit, Belästigungen einzudämmen, ist die Suche nach Verbündeten. Vielleicht gibt es Kollegen, die sich ebenfalls gestört oder in ihrer Konzentration beeinträchtigt fühlen, die es aber auch nicht wagten, etwas zu sagen? Je mehr Verbündete Sie für Ihr Anliegen gewinnen können, desto eher wird ihm Gehör geschenkt, da man dann besser argumentieren kann, dass die Störungen die Produktivität beeinträchtigen.

Kann keine Abhilfe geschaffen werden, empfehlen sich Ohrstöpsel oder ein Walkman mit angenehmeren Geräuschen. Ist die Geräuschbelästigung allerdings so schlimm, dass keine Hilfsmaßnahme greift, bleibt leider oft nicht anderes übrig, als einen Jobwechsel in Erwägung zu ziehen.

Gerüche:
* Zigarettenrauch
* Maschinengerüche
* Essensgerüche
* Parfums
* generell schlechte Luft
* Emission von Ozon (Kopierer), Elektrosmog
* Gestank billiger Kunststoffe (z. B. Büromöbel)

Der Raum:
* zu wenig Privatsphäre
* mit dem Rücken zur Tür sitzen zu müssen (dies beunruhigt viele Menschen latent und beeinträchtigt so die Konzentration)
* Zugluft
* unangenehme Klimaanlage
* ergonomisch ungünstiger Stuhl
* unangenehme Raumatmosphäre

Hochsensible Menschen sind die ersten, die problematische Arbeitsbedingungen bemerken. Andere Kollegen leiden häufig unter denselben Bedingungen, bemerken diese allerdings nicht sofort bzw. können den Grund ihres Unwohlseins nicht konkret benennen. Wenn man daher als Hochsensibler die körperlichen Bedingungen, unter denen man zu arbeiten hat, als problematisch empfindet, ist es günstig, sich Verbündete zu suchen. Einmal auf Missstände aufmerksam gemacht, empfinden auch viele weniger sensible Kollegen diese ebenfalls als störend. Bedenkt man, dass etwa 15–20% der Menschen hochsensibel sind, gibt es vielleicht auch andere hochsensible Kollegen, mit denen man sich verbünden kann. Schafft man es, Veränderungswünsche mit dem Argument zu verknüpfen, dass die Veränderungen produktivitätssteigernd wären, ist dies besonders erfolgversprechend. Vielleicht können vorerst nur kleine Verbesserungen erzielt werden. Manche Vorgesetzte machen ungern allzu große Zugeständnisse auf einmal. Es später noch einmal zu versuchen, kann daher sinnvoll sein.

Dr. Günther Possnigg, Facharzt für Neurologie und Psychiatrie sowie Psychotherapeut, berichtet von einer Situation, die er erlebt hat: In einem Krankenhaus, in dem er arbeitete, war es stets zu warm. Das Personal hatte aber Kunststoffkleidung zu tragen, und bald litten besonders die Hochsensiblen darunter. Um sich Gehör zu verschaffen mit ihrem Anliegen, leichte Baumwollkleidung zu benötigen, ließen sie die dermatologische Abteilung Gutachten schreiben, dass einer der Mitarbeiter aufgrund einer Hautstörung Baumwollkleidung brauche. Daraufhin wurde allen Mitarbeitern Baumwollkleidung zugebilligt. Dazu Dr. Possnigg: »*Es gelingt dann schon. Wenn man sich etwas sagen traut und beginnt, sich abzugrenzen, können ganze Gruppen plötzlich eine wesentliche Verbesserung ihrer Arbeitswelt finden.*«

Für Hochsensible ist es besonders wichtig, Techniken der Stressprävention und des Stressabbaus zu kennen und zu nutzen, denn je weniger gestresst wir uns fühlen, desto besser können wir mit problematischen körperlichen Bedingungen am Arbeitsplatz zurechtkommen, desto besser sind wir gegen die Überstimulation gewappnet, die solche Bedingungen zur Folge haben. → Tipps zur Stressvorbeugung und -vermeidung finden sich in Kapitel 3.

Fühlen Sie sich ausgenutzt?

»Ihr Hochsensiblen aber, ihr leisen Mathematiker, Informatiker,
Hochgeistigen, Tagträumer, Künstler, Poeten: Heute herrscht Shareholder!
Heute ist viel Lautes im Busch. Und da wird das Feine nicht gesehen!
Und deshalb müsst ihr euch zeigen, damit ihr wahrgenommen werdet!
Viel mehr denn je!«[13]

Im Arbeitsleben zeichnen sich Hochsensible für gewöhnlich durch besondere Sorgfalt aus. Gleichzeitig aber werden sie häufig als schüchtern abgestempelt und bei Beförderungen übergangen, da sie sich nur selten nach vorne drängen. Die Gefahr, ausgenutzt zu werden, ist groß, da es HSP oft schwer fällt, Grenzen zu setzen und den eigenen Standpunkt beharrlich zu verteidigen. Zudem lassen sich viele Hochsensible in Situationen hineinziehen, die eigentlich nicht ihr Problem sein sollten. Sie sagen unter Stress vielleicht Emotionales, das sie gar nicht wirklich preisgeben wollten, oder geraten in die Konflikte anderer, obwohl sie genau das keinesfalls vorhatten.

Viele HSP verbringen eher wenig Zeit mit Gesprächen mit ihren Kollegen und können dadurch seltsam oder arrogant wirken. Überdies wirken sie auf weniger sensible Menschen oft schwach oder desinteressiert, da sie in ihrem Auftreten nicht penetrant sind, auch nicht, wenn es angebracht wäre.

Daher sollten Sie als Hochsensibler Kollegen und Vorgesetzte ab und zu wissen lassen, dass Sie die Zusammenarbeit schätzen und die Firma mögen. Achten Sie auch darauf, nicht aufgrund falscher Bescheidenheit übergangen zu werden, beispielsweise bei Beförderungen oder Gehaltserhöhungen. Es ist sehr günstig, wenn Sie sich die eigenen Leistungen, die Sie für die Firma erbracht haben, notieren, damit Sie diese selbst immer abrufbereit haben, denn Hochsensible unterschätzen ihre Leistungen im Rückblick häufig. Darum halten Sie sich diese selbst vor Augen um sie gegebenenfalls auch aufzählen zu können.

---

13   Dueck, Gunter: Highly Sensitive!. In: Informatik Spektrum, Band 28, April, Heft 2/2005, S. 151–157.

Viele Hochsensible neigen dazu, eigene Gedanken und Ideen für sich zu behalten und Verbesserungsvorschläge nicht auszusprechen. Das ist sehr schade, denn aufgrund der feinen Antennen nehmen HSP Suboptimales besonders differenziert wahr, und mit Hilfe ihrer ausgeprägten Intuition und ihrer guten Voraussicht fallen ihnen häufig äußerst brauchbare Verbesserungsvorschläge ein. Bringen Sie sich ein!

Sehr viele hochsensible Menschen können folgenden Satz für sich bejahen: »Jeder, der über meine Arbeit Bescheid weiß, ist der Ansicht, ich sei unterbezahlt.« Wenn dem so ist, dann wird es auch stimmen, dass eine höhere Bezahlung gerechtfertigt ist. Hochsensible sind diesbezüglich oft zu bescheiden, schmälern die eigene Leistung oder aber empfinden es als peinlich, diese überhaupt in Geld aufzuwiegen. Dies ist besonders bei schüchternen Hochsensiblen der Fall. Schüchterne Menschen hoffen oft, anerkannt zu werden, wenn sie nur lange genug zeigen, wie kompetent sie sind. Häufig sind sie zu loyal oder wagen es nicht, anzumerken, dass sie weniger verdienen als sie sollten. Oder sie sind gar froh, der Firma Geld zu ersparen. Dies ist weder fair noch gut für das eigene Selbstwertgefühl. Wenn schüchterne hochsensible Menschen sich so verhalten, verstärkt dies zudem das Stereotyp, dass man HSP leicht übervorteilen kann. Und dagegen wollen wir uns doch wehren, richtig?

Auch tendieren viele HSP zu Berufen, die generell chronisch unterbezahlt sind, wie etwa im Kunstbereich, im Pflege- und Servicebereich, im Umweltschutz oder in anderen NGO's. Auch in diesen Bereichen sollten Sie gut darauf achten, ob Sie weniger als die anderen verdienen, oder ob die niedrige Bezahlung genereller Usus ist. Und selbst dann ist es klug, wenn wir uns – vielleicht gemeinsam mit anderen – dafür einsetzen, für gute Arbeit auch gerecht entlohnt zu werden.

Nicht »nein« sagen zu können ist ein weiteres Problem einiger Hochsensibler. Dies kann einerseits von geringem Selbstbewusstsein herrühren, andererseits auch von überdurchschnittlichem Mitgefühl. »Nein« sagen zu können ist aber gerade im Berufsleben sehr wichtig, um sich gegenüber unzumutbaren Aufgaben, Überforderung oder Ausbeutung abgrenzen zu können.

Selbstbewusstseins-Tipp: Erfolgsanker setzen

Selbstbewusstsein ist eine Frage der eigenen Wertschätzung. Wenig Selbstbewusstsein zu haben führt im Berufsleben häufig in einen Teufelskreis von Stress und Überforderung. Doch dieser Teufelskreis kann durchbrochen werden.

Wir alle erleben ab und zu unangenehme Situationen. Situationen, wo wir schon vorher wissen, da wird jemand sein, der uns auf die Probe stellt, jemand der stärker ist, der nur auf eine Schwäche wartet, um uns fertig zu machen, bloßzustellen oder auszunutzen. Genau für eine solche Situation ist es sinnvoll, zu lernen, sich zu »rüsten« um dann stark in sie hinein zu gehen. Im Folgenden beschreiben wir eine der einfachsten und grundlegenden Techniken des NLP (Neurolinguistisches Programmieren), eine in den 70er-Jahren in Kalifornien entwickelte psychologische Methodensammlung.

Das funktioniert folgendermaßen:
Denken Sie an eine gute Situation, an eine, in der Sie Erfolg hatten. Sei es aus Glück oder aus Kompetenz, sei es, weil Sie Ihre Fähigkeiten gut einsetzen konnten oder weil man Ihnen freundlicher als erwartet entgegen kam. Wahrscheinlich haben Sie ein gutes Gefühl zu dieser Erinnerung. Vielleicht gibt es auch ein Bild dazu (eine Farbe, ein Gesicht, ein bestimmter Gegenstand), das zum Symbol für Ihr persönliches Erfolgserlebnis geworden ist? Gibt es auch ein bestimmtes Wort dazu, einen Ton oder ein Geräusch? – Umso besser! Welche dieser Assoziationen vermittelt am stärksten das Gefühl des Erfolges? Genau das können Sie zu Ihrem persönlichen Erfolgsanker machen. Der Erfolgsanker kann also ein Bild, eine Farbe, ein Geräusch oder ein Wort sein – oder alles zusammen. Wichtig ist, dass Sie damit ein gutes Gefühl, ein Gefühl von Stärke verbinden.

Wenn Sie alles gesammelt haben, was das Gefühl der Stärke am intensivsten gibt, nehmen Sie eine aufrechte Körperhaltung ein, heben Sie den Kopf und atmen Sie tief durch. Zusätzlich machen Sie dann eine bestimmte Bewegung, die Ihnen in Zukunft hilft, stark zu sein bzw. die Sie mit dem Gedanken an Ihre eigene Stärke, die Sie nun haben, verknüpfen. Das kann sein, dass Sie sich am Knie oder Oberschenkel drücken, mit der einen Hand das Handgelenk der anderen Hand halten oder den ganzen Körper strecken. Das ist dann Ihr persönlicher »Erfolgsanker«.

Wiederholen Sie diese Übung so oft wie möglich in guten und sicheren Situationen. Wenn Sie nun in eine schwierige Situation kommen, in der Sie leicht den Mut und das Selbstbewusstsein verlieren, dann aktivieren Sie diesen Anker, indem Sie die Bewegung wieder machen, und Sie sich das Wort, das Bild, das Geräusch bzw. die Farbe wieder ins Gedächtnis holen. Probieren Sie es, und schauen Sie was passiert!

An vielen Instituten für Erwachsenenbildung finden Sie Kurse, die solche grundlegenden Übungen leicht und rasch vermitteln. Bestimmt finden Sie in jeder größeren Buchhandlung oder Bücherei eine Menge Literatur zu NLP mit praxisnahen Übungen, die Sie auf Ihre Bedürfnisse abstimmen können.

Effektive Kommunikation

Viele Hochsensible teilen sich am Arbeitsplatz oft nicht genug mit. Sie ziehen sich zurück, fühlen sich oft kritisiert oder falsch beurteilt, behalten diese Gefühle aber für sich und werden immer mehr zum Außenseiter. Oder aber sie neigen, wenn sie innerlich aufgewühlt sind, zu einem hysterischen Kommunikationsstil, bei dem die Worte stakkato-artig und in hohem, hektischen Tonfall herausgepresst werden. Beides ist natürlich nicht effektiv.

Effektive Kommunikation ist das Um und Auf, um im Berufsleben nicht ausgenutzt zu werden. Sie ist nötig, damit Sie sich mit Ihrer Persönlichkeit und Ihren Kompetenzen zeigen können, damit Sie Grenzen setzen, Stimulation regeln und »nein« sagen können.

- Als ersten Schritt zur effektiven Kommunikation ist es nötig, anderen empathisch zuzuhören. Dieser Schritt fällt Hochsensiblen meist leicht, was günstig ist, da er die Basis für gelungene Kommunikation bildet. Spiegeln Sie Ihrem Gegenüber, dass Sie ihn verstehen und was Sie verstehen.
- Stellen Sie sicher, dass Sie den anderen wirklich ausreden lassen. Dazu ein einfacher Trick: Warten Sie drei Sekunden, bevor Sie antworten. So stellen Sie sicher, dass Sie den anderen nicht unterbrechen.
- Es ist günstig, immer nur einen Problemkreis auf einmal anzusprechen, um sicher zu gehen, dass man sich weder selbst überfordert noch den anderen.
- Es ist sehr wichtig, auch aktuelle Gefühle in einem ruhigen Tonfall ansprechen zu können, bestimmt, aber nicht anprangernd.
- Respektieren Sie andere Meinungen. Nehmen Sie diese zur Kenntnis, zeigen Sie, dass Sie den anderen verstanden haben, auch wenn Sie seine Meinung nicht teilen und selbst dann wenn Sie diese für unmoralisch oder bedrohlich halten. Akzeptieren heißt nicht gleich zustimmen.
- Versuchen Sie den anderen mit sachlichen logischen Argumenten zu überzeugen, bleiben Sie dabei ruhig und freundlich. Oder ziehen Sie ihn durch das Schaffen von Sympathie und Solidarität auf Ihre Seite.
- Scheuen Sie sich nicht, »nein« zu sagen, wo es notwendig ist. Wer nicht »nein« sagen kann, sollte dies erst bei kleineren Anlässen, die kaum Konsequenzen haben, üben. Das Wissen, dass man es schaffen kann, »nein« zu sagen, gibt Sicherheit und wappnet für größere Anlässe, bei denen ein »Nein« wichtig ist.

Grenzen setzen, zuhören und rückmelden, sich klar und ruhig mitteilen und auch ein »nein« selbstbewusst zu vertreten sind also die wichtigsten Schritte zu gleichberechtigter, respektvoller Kommunikation und einer emotional angenehmen Arbeitsumgebung.

Mobbing

Um ein tadelloses Mitglied einer Schafherde sein zu können,
muss man vor allem ein Schaf sein.
Albert Einstein

»Mobbing« ist im deutschen Sprachraum seit Anfang der 90er-Jahre ein Begriff, als neben körperlichen und arbeitsplatzbedingten Ursachen vermehrt zwischenmenschliche Feindschaften als Ursache von Arbeitsunfähigkeit aufzutreten begannen. Das Wort kommt von »mob« (Englisch: Pöbel) bzw. »to mob« (anpöbeln). Das Wort »Mobbing« wurde erstmals Anfang der 70er-Jahre vom vergleichenden Verhaltensforscher Konrad Lorenz für Angriffe verwendet, die Gruppen von Tieren gegen ein einzelnes Tier praktizierten, um es zu verscheuchen. Von dort gelangte es durch Peter-Paul Heinemann (1972) in die Beschreibung aggressiven Verhaltens von Kindern auf Schulhöfen. Heinz Leymann, der als Begründer der modernen Mobbingforschung gilt, hat schließlich 1995 das Wort aufgenommen, um damit das systematische Schikanieren von Mitarbeitern zu bezeichnen, mit dem Ziel, diese aus der Organisation zu verdrängen.

Als »Bossing« werden im angelsächsischen Sprachraum unfaire Attacken »von oben« (Boss) »nach unten« bezeichnet, d. h. alle Arten unfairer Attacken von Vorgesetzten, die einen systematischen Charakter entwickeln.

Beim Mobbing handeln Arbeitskollegen oder Vorgesetzte über einen längeren Zeitraum systematisch feindselig gegen einzelne, unterlegene Personen. Ziel oder Effekt des Mobbings ist der Ausstoß des Gemobbten aus dem Arbeitsverhältnis. Zu Mobbing zählt das systematische Anfeinden, Schikanieren und Diskriminieren von Arbeitnehmern untereinander oder durch Vorgesetzte bzw. den Arbeitgeber, also »Verhaltensweisen, die in ihrer Gesamtheit das allgemeine Persönlichkeitsrecht oder andere ebenso geschützte Rechte, wie die Ehre oder die Gesundheit des Betroffenen, verletzen. Danach geht es um schikanöses, tyrannisierendes oder ausgrenzendes Verhalten am Arbeitsplatz. Es muss sich um fortgesetzte, aufeinander aufbauende oder ineinander übergreifende Verhaltensweisen handeln, auch wenn sie nicht nach einem vorgefassten Plan erfolgen. Vereinzelt auftretende, alltägliche Konfliktsituationen zwischen einem Arbeitnehmer und dessen Arbeitgeber und/oder Kollegen sind noch nicht als Mobbing anzusehen.«[14]

Mobbing kann sich über einen langen Zeitraum erstrecken, in dem in mehr oder weniger großen Abständen Sticheleien verabreicht, Initiativen unterdrückt und verschiedenste feingesponnene Subtilitäten eingesetzt werden, die in Summe auch stabilen Persönlichkeiten extrem zusetzen können.

Doch Achtung! Nicht jeder Konflikt und jeder Streit ist Mobbing! Nicht zum Mobbing gehören Feindseligkeiten zwischen Gruppen (z. B. Abteilungen gegeneinander), Diebstahl durch Kollegen, persönliche Antipathie oder Desinteresse einer Person gegenüber, die nicht offensichtlich und gehässig vorgetragen wird, harte, aber nur kurzfristig zur Wirkung kommende ungerechte und unsoziale Behandlung (z. B. betriebsbedingte Kündigung, Beförderung anderer) sowie das Ausnutzen von Informationsvorsprüngen für Karrieresprünge.

> Konflikte entstehen, wenn gegensätzliche Interessen und Bedürfnisse aufeinanderstoßen. Bei Mobbingkonflikten liegt das zugrundeliegende Problem meist im Hintergrund, während die angegriffene Person in den Vordergrund gerückt wird. Die aufdringliche Feindseligkeit und das deutliche Bestreben nach Herabsetzung und Ausgrenzung (soziale Isolierung, Aufkündigung des Respekts) einer Person unterscheiden Mobbing von Streitereien, Konflikten oder Unverschämtheiten. Feindselige Ausgrenzung bildet also den Kern von Mobbing. Bei Mobbingkonflikten gibt es keine Kompromisse.

Da die Arbeitsmarktlage momentan ziemlich schlecht ist und viele Stellen abgebaut werden, wird der Kampf am Arbeitsplatz immer härter. Der zunehmende Druck ist häufig Anlass für Mobbing. Gemobbt wird aus den verschiedensten Gründen wie Intoleranz, Besitzstandswahrung, Frustration, Langeweile, Missgunst, Druck und Angst um den Arbeitsplatz. Laut diverser Studien stimmt in Be-

---

14 Näser, Wolfgang: Mobbing im Beruf: Ein Test. In: http://staff-www.uni-marburg.de/~naeser/pro2.htm am 20.11.2005.

trieben, in denen Mobbing stattfindet, grundsätzlich etwas mit dem Betriebsklima nicht. Mobbing hat also seinen Ursprung immer in ungelösten oder absichtlich verdrängten Konflikten innerhalb des Betriebes. So wird diese Form der negativen Konfliktbewältigung durch eine grundsätzlich unfaire Organisationskultur begünstigt, in der es üblich ist, Konflikte unter den Teppich zu kehren, mit Ellenbogeneinsatz für das Voranschreiten der persönlichen Karriere oder die Durchsetzung von Zielen zu sorgen, Intrigen zu spinnen und die Organisation dadurch zu steuern.

Diese Konflikte werden aus Angst nicht thematisiert und vergiften dadurch zunehmend das Betriebsklima. Mobbing hat seinen Ursprung also nicht darin, dass der Gemobbte irgendetwas falsch gemacht hat, sondern ist Ausdruck eines strukturellen Problems eines Betriebes, bei dem Ersatz-Erleichterung durch Herabsetzen anderer, meist Andersartiger gesucht wird. Mobbing hat daher in der Regel sowohl personale als auch strukturelle Ursachen (d. h. Konkurrenzkampf, geringer Informationsfluss, unklare Kompetenzverteilung, Abhängigkeiten etc.).

Der typische Mobber

> »Als mein gelber Wellensittich aus dem Fenster flog,
> hackte eine Schar von Spatzen auf ihn ein,
> denn er sang wohl etwas anders und war nicht so grau wie sie,
> doch das geht in Spatzenhirne nicht hinein.«
> Gerhard Schöne

Der typische Mobber
- fühlt sich beeinträchtigt (im sozialen Ansehen, Status, beruflicher Position, Anerkennung etc.)
- würde eine offene, faire Konfliktaustragung als riskant empfinden (kennt kein anderes Konfliktlösungsverfahren, möchte keinerlei Kompromisse eingehen und weiß, dass seine Motive bei offener Konfliktaustragung nicht akzeptiert würden)
- hat größeres Eigeninteresse als moralische Bedenken (nach dem Motto: »jeder muss sehen, wo er bleibt«)
- personalisiert die Problemsicht und sieht die Welt verstärkt aus der Eigenperspektive (»Ist Frau XY weg, habe ich kein Problem mehr«)

- ist besonders grausam zu Schwächeren und zu jenen, die sich nicht wehren
- schüchtert ein und brüskiert mit Worten
- ist nicht gewillt, Schwäche einzugestehen oder Nachteile in Kauf zu nehmen und
- hört gar nicht zu, was man sagt.

Die 5 häufigsten Mobbinghandlungen[15] sind:
1. Hinter dem Rücken schlecht über jemanden sprechen (96 %)
2. Abwertende Blicke oder Gesten (86 %)
3. Kontaktverweigerung durch Andeutungen (84 %)
4. jemanden wie Luft behandeln (80 %)
5. falsche oder kränkende Beurteilung der Arbeitsleistung (80 %).

Leymann unterteilt Mobbing in folgende 5 Kategorien:
1. Angriffe gegen die Möglichkeit, sich mitzuteilen
   Dazu zählen: Unterbrechen, ständige Kritik, Drohungen, Telefonterror, Kontaktverweigerung durch Blicke, Gesten oder Andeutungen, Einschränkung der Möglichkeit, sich zu äußern, den Gemobbten in jeder Hinsicht ignorieren, ihn nie um Rat, nie nach seiner (fachlichen) Meinung fragen, usw.
2. Angriffe auf soziale Beziehungen
   Dazu zählen: nicht mehr mit Betroffenen sprechen, sich nicht ansprechen lassen, Versetzen in einen anderen Raum, Kontaktverweigerung (soziale und/oder räumliche Isolation)
3. Angriffe auf soziales Ansehen
   Dazu zählen: hinter dem Rücken schlecht sprechen, lächerlich machen, Gerüchte verbreiten, das Privatleben angreifen, Schimpfworte, usw.
4. Angriffe auf die Qualität der Berufs- und Lebenssituation
   Dazu zählen: dem Betroffenen jede Beschäftigung am Arbeitsplatz nehmen, ihm keine oder sinnlose Aufgaben zuweisen, nur

---

15 nach einer Studie von Knorz & Zapf in der BRD: Knorz / Zapf: Mobbing – eine extreme Form sozialer Stressoren am Arbeitsplatz. Zeitschrift für Arbeits- und Organisationspsychologie, 40. Jg. 1/1996, S. 12–21. In: ebd., S. 37.

Problemfälle werden zugewiesen oder Aufgaben unter oder weit über seinem Niveau bzw. seinen Qualifikationen, usw.

5. Angriffe auf die Gesundheit
   Dazu zählen: Zwang zu gesundheitsschädlichem Arbeiten, Androhung körperlicher Gewalt, Handgreiflichkeiten, sexuelle Annäherungen und/oder verbale sexuelle Angebote.

Die Reife einer sozialen Gruppe ist daran erkennbar, wie sie mit ihren Minderheiten umgeht. Abschätzige Blicke, Ignorieren, Auslachen oder Kopfschütteln sind gruppendynamische Rituale des Niederstufens einer Person in der Hackordnung einer Gruppe.

Die Hochsensiblen früherer Zeiten, d.h. die Schamanen, Heiler, Berater, Künstler und Wissenschaftler nahmen immer schon eine Sonderstellung innerhalb der Gesellschaft ein und wurden mit anderen Maßstäben gemessen. Eine gewisse Schrulligkeit, ein etwas sonderbares, für andere oft nicht ganz nachvollziehbares Verhalten wurde ihnen zugestanden. Sie waren dennoch sozial anerkannt und für ihre besonderen Fähigkeiten geschätzt und geachtet. Moderne HSP sind die genetischen Erben dieser früheren Hochsensiblen. Doch die traditionellen beruflichen Nischen Hochsensibler werden zunehmend enger und von Nicht-Hochsensiblen besetzt, die dem steigenden Druck profitorientierter Arbeitswelt besser standhalten. Zudem gelten für hochsensible Menschen nun nicht mehr dieselben Bedingungen wie früher. Sie erfahren weniger Wertschätzung bzw. müssen sich diese oft mühsam gegen bestehende Vorurteile erarbeiten. In einer Gesellschaft, in der Härte und Ellenbogentaktik gefragt sind, lernen nur mehr wenige Hochsensible von klein auf, mit ihrer Sensibilität gut umzugehen und sie als Gabe zu schätzen.

> Die typische Zielperson eines Mobbers ist laut diversen Untersuchungen talentiert, pflichtbewusst, scheu, höflich, integer, selbstsicher, kompetent, nett, intelligent, kreativ, hat eine hohe Moral und möchte andere erfreuen. Viele Mobbingopfer lieben ihre Arbeit und identifizieren sich stark mit ihrer Tätigkeit. Sie fühlen sich ihrer Arbeit sehr verbunden.

Wenn auch grundsätzlich jeder Arbeitnehmer zum Mobbingopfer werden kann, sind die Parallelen zwischen den Eigenschaften typischer Mobbingbetroffener und den Eigenschaften vieler Hochsensibler doch frappant.

So werden hochsensible Menschen oft schon als Kinder von der Klassengemeinschaft ausgeschlossen oder stehen am Rand, weil sie sensibler sind bzw. auch vielleicht, weil sie anders wahrnehmen und es als überempfindlich gilt, wenn man das rückmeldet. Dazu Dr. Possnigg, Facharzt für Neurologie und Psychiatrie und Psychotherapeut: »*Das schaukelt sich so auf. Man merkt: ,Der ist sensibel, der versucht sich abzugrenzen und seine Grenzen zu wahren und genau deswegen lasse ich es nicht zu.' Die Hochsensibilität ist sicher ein wichtiger Faktor, warum Leute gemobbt werden und warum es sie so quält.*«

Der systemische Coach Gunther Polak ist der Ansicht, HSP bieten, da sie außerhalb der Norm stehen, eine stärkere Angriffsfläche für Mobbing. Auch Barrie Jaeger, Autorin von »Making Work Work for the Highly Sensitive Person« bemerkt, dass HSP auffallend oft Ziel und Opfer von Mobbing und Bullying sind.[16] Hochsensible nehmen sich harsche Worte mehr zu Herzen und wagen es oft nicht, Grenzen zu setzen. Ist der Umgangston in einem Betrieb generell sehr rau, scheinen das die nicht hochsensiblen Kollegen deutlich weniger schlimm zu finden. HSP sind daher für Mobber leichter angreifbar. Zudem tendieren sie dazu, aus Angst vor Veränderung selbst in einem Job, der ihnen zur Hölle gemacht wird, lange stillschweigend auszuharren.

Außerdem beherrschen nur wenige HSP die leider oft nötige Ellenbogentaktik. Und diejenigen unter den Hochsensiblen, die sie beherrschen, möchten sie nicht anwenden. So wie Harald, ein 17-Jähriger hochsensibler Gymnasiast, der in der Schule so lange gemobbt wurde, bis ihm seine Eltern, weil sie keinen anderen Rat mehr wussten, rieten, einmal zurückzuschlagen. Er antwortete darauf: »*Das kann ich nicht, das ist nicht meine Art, es bringt nichts. Ich will nicht und kann damit nichts anfangen.*«

---

16 Vgl. dazu: Jaeger, Barrie: Making Work Work for the Highly Sensitive Person. McGraw-Hill, New York 2004.

Auch machen sich leider viele HSP zum idealen Opfer für Mobber, wenn sie sich von ihren Kollegen z. B. in den Arbeitspausen eher absondern um sich alleine ein wenig zu regenerieren. Dies kann, wenn die Gründe dafür nicht bekannt sind, als Desinteresse missverstanden werden. Weil sie kaum an Klatsch und Tratsch teilnehmen, sind Hochsensible zudem oft uninformiert über Firmeninternes wie die Beziehungen der Kollegen untereinander. Aufgrund ihres eher zurückgezogenen Verhaltens werden sie häufig für jemand gehalten, der glaubt, etwas Besseres zu sein. Wenn es in der Firma zu wachsenden Spannungen kommt, eignen sie sich daher besonders für die Rolle des Sündenbocks, ebenso wie andere Randgruppen.

Vorbeugende Strategien gegen Ausgrenzung und Mobbing[17]

Als vorbeugende Strategien gegen Ausgrenzung und Mobbing empfiehlt sich daher, sich zumindest zeitweise am Smalltalk zu beteiligen, sich zu zeigen, und genug von sich preiszugeben, um nicht zur Projektionsfläche zu werden. Auch ist es hilfreich, sich Verbündete zu suchen, d. h. Kolleginnen oder Kollegen, welche die zurückhaltende Art verstehen oder sogar teilen, die vielleicht selbst ebenfalls hochsensibel sind.

Hilfreich kann auch sein, die eigenen Einstellungen zu hinterfragen, denn manchmal können diese mobbingfördernd sein. Problematisch sind vor allem folgende Einstellungen: »Ich muss von allen Menschen stets gemocht werden.« »Konflikte dürfen nicht offen angesprochen werden.« »Keiner versteht mich.« Oder »Ich darf keine Schwächen zeigen.« Mit dem unter Hochsensiblen häufigen Anspruch, dass jeder jeden lieben sollte, steht man vor dem Problem, dass jede ablehnende Handlung einer Katastrophe gleichkommt. Es fällt extrem schwer, sich effektiv zur Wehr zu setzen. Werden zudem von den Kollegen Schwächen nicht gezeigt oder Konflikte nicht offen angesprochen, zieht man sich bald innerlich enttäuscht zurück. Die Gegenseite kann dann das Schweigen beliebig deuten. So kann gerade die Scheu vor negativen Reaktionen zu ebensolchen führen.

---

17 Zu dieser Thematik siehe auch: Parlow, Georg: Zart besaitet. Festland Verlag, Wien 2003.

Aus diesem Grund sind Gespräche wichtig. Sich zurückzuziehen und still zu leiden, lässt Konflikte eskalieren.

Wenn der ursprüngliche Konflikt noch nachvollziehbar ist, bestehen gute Chancen, sich durch Gespräche mit dem Mobber wieder zu versöhnen. Schweigt man jedoch und frisst den Groll in sich hinein, kann es nur schlechter werden. Aus diesem Grund sollte man, auch wenn dies schwer fällt, Beleidigungen und Angriffe sofort hinterfragen. Es schadet auch nicht, sich bei verbalen Attacken etwas begriffsstutzig zu stellen. (»Wie meinen Sie das genau?«) Das bietet oft einen Einstieg zu einem klärenden Gespräch. Besonders günstig ist es, wenn die HSP gelernt hat, sich selbst zu mögen und das auch zu zeigen (natürlich ohne dabei zu übertreiben). Dann bietet die hohe Sensibilität keine so starke Angriffsfläche für potentielle Mobber.

Da Mobbing aber auch bei bestmöglicher Vorbeugung oft nicht abgewehrt werden kann, soll der folgende Mobbing-Selbsttest bei der Feststellung helfen, ob das, was Ihnen eventuell im Berufsleben an Schikanen und Unhöflichkeiten widerfährt, bereits als Mobbing bezeichnet werden muss.

Mobbing-Selbsttest

1. Wird über Sie öfter gelacht als über andere Kollegen?
2. Sprechen Sie mit Vorgesetzten über Kollegen?
3. Gehen Sie häufiger mit Kopf- oder Bauchschmerzen zur Arbeit?
4. Verhalten sich Vorgesetzte und Kollegen Ihnen gegenüber gleichgültig oder abweisend?
5. Erfahren Sie als letzter von Neuigkeiten im Betrieb?
6. Haben Sie sich schon einmal bei Vorgesetzten über Kollegen beschwert?
7. Haben Sie nur vor oder während der Arbeit Beschwerden und verschwinden diese am Wochenende oder im Urlaub?
8. Werden Ihnen öfter unbequeme oder entwürdigende Aufgaben übertragen?
9. Gehen Sie Gesprächen mit Kollegen lieber aus dem Weg?
10. Werden Sie in Gegenwart anderer Kollegen gerügt?
11. Macht man sich über Sie lustig, weil Sie häufiger krank sind oder langsam arbeiten?
12. Werden Sie bei Gehaltserhöhungen, Beförderungen oder der Vergabe interessanter Arbeiten übergangen?
13. Verschwinden von Ihrem Tisch Arbeitsmaterialien (z. B. Akten)?
14. Verstummen Kollegen-Gespräche, wenn Sie in die Nähe kommen?«[18]

AUSWERTUNG:
- Bei 3–5 ‚Ja'-Antworten befinden Sie sich in einem Konflikt, der Ihnen über den Kopf wachsen könnte. Dokumentieren Sie Ihr Vorgehen und das Ihrer Widersacher
- Bei 6–8 ‚Ja'-Antworten kann bereits von Mobbing gesprochen werden. Können Sie den Konflikt nicht mit den Kollegen bzw. Vorgesetzten klären, bleibt nur noch der Weg zum Personalrat und gegebenenfalls zur Personalabteilung.

---

18 Mobbing- Selbsttest aus »Hörzu« (keine weiteren Angaben). Zit. n.: Näser, Wolfgang: Mobbing im Beruf: ein Test. In: http://staff-www.uni-marburg.de/~naeser/pro2.htm am 20.11.2005.

- Bei 9 oder mehr ‚Ja'-Antworten befinden Sie sich bereits in einer kritischen Mobbing-Phase. Das Arbeitsverhältnis ist zerrüttet. Eine Rechtsberatung oder sogar ein Jobwechsel sind angesagt.
- Haben Sie die Fragen 2, 6 und 9 mit ‚Ja' beantwortet, so überprüfen und ändern Sie möglicherweise Ihr eigenes Verhalten.

Falls Sie tatsächlich von Mobbing betroffen sind, ist es wichtig zu wissen, dass Sie einiges unternehmen können, um Ihre Lage zu verbessern. Was man konkret tun kann, wird im folgenden erklärt:

Zunächst sollten Sie versuchen, Ruhe zu bewahren und sich zu beherrschen, auch wenn es schwer fällt. Verfallen Sie andererseits nicht in Resignation, lassen Sie sich nicht isolieren, und nutzen Sie alle Möglichkeiten, die sich Ihnen anbieten. Diese wären:

Analysieren Sie die Situation

- Machen Sie sich ein klares Bild vom Mobbing-Prozess, und dokumentieren Sie mit Hilfe von Notizen, was vorgefallen ist.
- Fragen, die sich Mobbing-Betroffene stellen können:[19]
- Was genau geschieht?
- Was würde geschehen, wenn sich nichts ändert?
- Was fühle ich dem Mobber gegenüber (Wut, Enttäuschung, Hass, Angst etc.?) und was er vermutlich mir gegenüber?
- Welche Motive vermute ich hinter dem Mobbing?
- Wer ist Hauptverantwortlicher des Mobbings? Gibt es Mitverantwortliche?
- Welche Maßnahmen gegen das Mobbing habe ich ergriffen? Welche waren kontraproduktiv? Welche bewirkten nichts? Welche erzielten Teilerfolge?
- Gibt es einen konkreten Anlass für das Entstehen dieser Situation?
- Wo könnte ich Unterstützung finden, von wem nicht?
- Was kann ich als nächsten Schritt praktisch tun?

---

19 Zit n.: Esser, Axel / Wolmerath, Martin / Niedl, Klaus: Mobbing. Der Ratgeber für Betroffene und ihre Interessenvertretung. ÖGB- Verlag, Wien 1999, S. 247.

Fünf Wege aus dem Mobbing

1. persönliche Gegenwehr des Betroffenen
2. Konfliktbearbeitung durch externe Experten
3. Schlichtungsversuch durch den Betriebsrat
4. Konfliktbereinigung bzw. Machteingriff durch Vorgesetzte
5. juristische Maßnahmen.

Inzwischen gibt es in jeder größeren Stadt Beratungsstellen, die sich dem Thema Mobbing widmen. Auch gibt es zahlreiche sehr gute Bücher zu diesem Thema.

Scheuen Sie nicht davor zurück, sich Hilfe zu holen. Suchen Sie sich Verbündete; Sie brauchen wahrscheinlich alle Ressourcen, die Sie bekommen können. Verwenden Sie den Leidensdruck, der auf Ihnen lastet, um innerbetriebliche Veränderungen anzustreben. (Sie können natürlich auch versuchen, ohne dem Anstreben innerbetrieblicher Veränderungen durch kleine Schritte Verbesserungen zu erzielen, müssen aber immer bedenken, dass im Betrieb weiterhin ständige Mobbinggefahr besteht, wenn der Grundkonflikt unangetastet bleibt.)

Die 46-jährige Beate, eine HSP, die sich aus einer Mobbingsituation befreit hat, sagt dazu: *»Im letzten Jahr waren ich und viele meiner Kolleginnen Opfer von Mobbing. Ich war wütend, zornig und tief getroffen und ließ mich von meinem Internisten krankschreiben, um in Ruhe zu überlegen, was ich tun kann. Ich holte mir Informationen, klärte meine rechtliche Situation ab, beschloss, notfalls meinen Arbeitsplatz aufzugeben. Letzteres war das Entscheidende, denn als ich so weit war, konnte ich handeln: Ich beschwerte mich bei der Leitung und kündigte meine Zusammenarbeit mit der mobbenden Vorgesetzten auf. Eine andere Kollegin unterstützte mich – sie war ebenfalls betroffen. Was geschah, schlug hohe Wellen und löste fast einen Skandal aus. Die Vorgesetzte erhielt einen Denkzettel. Sie wurde von oben in ihre Grenzen verwiesen, denn inzwischen hatten auch weitere meiner Kolleginnen den Mut aufgebracht, sich zu beschweren. Die Unterbrechung in der Zusammenarbeit zwischen dieser Vorgesetzten und mir bestand gut zwei Monate. Dann rauften wir uns zusammen. Das Ganze ist jetzt ein Jahr her, und ich habe es weder*

bereut, noch habe ich negative Konsequenzen erlitten. Mein Gewinn: die
Zusammenarbeit zwischen mir und der Vorgesetzten ist genau so, wie ich
sie wünsche.«

Was Arbeitgeber gegen Mobbing tun können

An der Johannes Kepler Universität Linz wurde im Rahmen einer größeren Studie ein Management-Modell entwickelt, das gegen Mobbing wirken soll[20]. Ob in einem Betrieb gemobbt wird oder nicht, hängt von mehreren Faktoren ab, welche von der Geschäftsführung durchaus beeinflusst werden können. *»Mobbing hängt immer an der Unternehmensstruktur«* erklärt Dr. Christoph Seydl, der die Studie erstellt hat. *»Die Mitarbeiter übernehmen die Normen des Unternehmens. Wenn Mobbing nicht geduldet und kein Anreiz geschaffen wird, ist eine gute Basis geschaffen.«*

Zu den Maßnahmenschwerpunkten gehören: Strukturelle Spannungsherde müssen erkannt und entschärft werden, Gelegenheiten zum Mobbing beseitigt und Hemmnisse und Risiken für Mobber geschaffen werden. Ein struktureller Ansatz wäre etwa, sich Beförderungen genau zu überlegen. *»Wenn grundsätzlich jene befördert werden, die sich am besten durchsetzen, und nicht jene, die am besten kooperieren, kann das ein Anreiz zum Mobbing sein.«* Ferner ist auf eine klare Rollenverteilung zu achten, um Machtkämpfe unter den Mitarbeitern hintan zu halten.

> Es seien gerade die »Hochleister«, die am öftesten gemobbt werden, erklärt Christoph Seydl. Dadurch erwachse den Betrieben ein enormer finanzieller Schaden. Wie sich nämlich in der Untersuchung gezeigt hat, haben Mobber häufig eine negativere Einstellung gegenüber Leistung.

Weitere Möglichkeiten zur innerbetrieblichen Mobbing-Prävention sind Aufklärung, die Einrichtung einer »Konfliktkommission« sowie

---

20 Seydl Christoph (Abteilung für Wirtschaftssoziologie, Stadt- und Regionalforschung an der Johannes Kepler Universität Linz) in: Mobbing im Spannungsfeld sozialer Normen, eine dissonanztheoretische Betrachtung mit Untersuchung. Linz 2006.

das Erarbeiten und Formulieren von ethischen Grundsätzen (soziale Corporate Identity). In einigen Firmen gibt es bereits Betriebsvereinbarungen für Fairness am Arbeitsplatz.

Hoher Stress am Arbeitsplatz

Der Begriff »Stress« wurde erst in der Mitte des 20. Jahrhunderts geprägt. Er bezeichnet eine zusammengehörige Gruppe von Symptomen, die als Reaktionen auf Belastungen folgen. Die Reaktionen auf Stressoren, d. h. auf alle denkbaren physischen und psychischen Belastungen wie Lärm, Konkurrenzsituationen oder Gefahr sind messbar mittels EEG oder EKG, sie sind erkennbar an einer Veränderung des Blutdruckes, des elektrischen Hautwiderstandes oder des Fettsäuregehaltes des Blutes. Zudem werden im Körper eines Menschen, der Stressoren ausgesetzt ist, Adrenalin und Noradrenalin und schließlich auch langzeitwirkende Hormone, sogenannte Corticoide freigesetzt. In erster Linie dienen diese Stresserscheinungen der Aktivierung und Alarmierung des Körpers. Man unterscheidet zwischen Eustress (Griechisch: eu: gut) und Distress (Griechisch di: schlecht). Von Eustress spricht man beispielsweise bei dem heftigen Herzklopfen Verliebter oder der aufgeregten Begeisterung bei sportlichen Ereignissen. Als Distress bezeichnet man den Stress, der unangenehm ist und der, wenn er nicht abgebaut werden kann, sogar krankheitsbildend wirken kann.

> Jeder erlebt stressreiche Situationen. Hochsensible Menschen reagieren auf diese allerdings stärker. Wenn wir diese stärkere Reaktion für eine Schwäche oder einen Fehler halten, intensivieren wir den ohnehin schon vorhandenen Stress. Daher hilft es uns, die eigene Natur gut zu kennen und Techniken zu erlernen, die uns helfen, mit Stress gut umzugehen.

Stress am Arbeitsplatz ist oft ein enormes Problem für HSP. Natürlich können wir dem nicht völlig ausweichen. Aber wenn wir uns selbst gut genug kennen, so können wir effektiv gegensteuern.

Wichtig ist, Überstimulation und das Gefühl von Stress nicht mit Schüchternheit oder Angst zu verwechseln. Angst führt zu Stimulation, wie es aber auch viele andere Emotionen, z. B. Freude, tun. Schüchternheit ist die Angst vor Zurückweisung. Daher ist es für Hochsensible wichtig, zwischen Überstimulation und Schüchternheit bzw. Angst trennen zu können, denn: Hochsensibilität mit Schüchternheit gleichzusetzen ist 1. falsch, 2. negativ und 3. möglicherweise selbsterfüllend.

Stress kann von innen kommen (Emotionen, Gedanken) oder von außen (Arbeitsplatzbedingungen). Eine allzu scharfe Trennung der beiden Stressarten wird nicht vorgenommen, da sich die beiden Bereiche oft überschneiden.

Test: Wie hoch ist Ihr beruflicher Stresslevel?[21]

- Haben Sie abends das Gefühl, nur einen geringen Teil Ihres Tagespensums erreicht zu haben?
- Sind Sie abends zu müde, um noch irgendetwas zu unternehmen?
- Belasten Sie bestimmte Dinge sosehr, dass Sie deshalb schlecht ein- oder durchschlafen?
- Wachen Sie schon mit dem Gedanken an dringend zu Erledigendes auf?
- Sind Sie oft lustlos und müde?
- Sind Sie oft zerstreut und vergesslich?
- Sind Sie oft in Eile?
- Fällt es Ihnen sehr schwer, Aufgaben zu delegieren?
- Können Sie nicht gut Entscheidungen treffen?
- Haben Sie oft das Gefühl, dass Ihnen alles zuviel wird?
- Bräuchten Sie viel mehr Zeit für sich selbst, damit es Ihnen gut geht?
- Sind Sie öfters gereizt oder ungeduldig?
- Können Sie kaum abschalten?
- Bräuchten Sie eigentlich mehr Freude im Leben?

---

21 Dieser Test wurde weitestgehend entnommen aus: Seiwert, Lothar W.: Wenn du es eilig hast, gehe langsam. Campus Verlag, Frankfurt/Main 2005, nach S. 178.

> Lautet Ihre Antwort auf einen Gutteil dieser Fragen »ja«, ist dies ein
> deutliches Alarmzeichen für zu viel Stress in Ihrem Leben.

Die häufigsten Gründe für beruflichen Stress sind:
- zu viele Arbeitsstunden bzw. Überstunden
- sich ständig wiederholende, nicht herausfordernde Routinearbeit
- Isolation
- Arbeit, die der eigenen Ethik widerspricht
- ständig sehr herausgefordert zu sein
- geringes Einkommen
- schlechtes Image der beruflichen Tätigkeit
- schlechte Sicherheits- und/oder Gesundheitsbedingungen
- ständige Beobachtung

Alle Menschen werden eher krank, wenn sie dauernd unter Stress
stehen, nicht nur die HSP. (Stehen HSP nicht unter Stress, werden
sie sogar seltener krank als Nicht-Hochsensible, wie eine Studie der
University of California Medical School ergab[22].)

Verschiedene Möglichkeiten, Stress zu reduzieren

Befassen wir uns nun mit den unterschiedlichen Möglichkeiten die
sich anbieten, um Stress zu reduzieren.

> Experten unterscheiden vier Ansätze für stressreduzierende
> Maßnahmen:[23]
> **Zeitmanagement**
> **Reizmanagement**, um Störreize zu reduzieren
> **Erregungsmanagement**, mit dem man die physischen Reaktionen zu
> mindern versucht
> **Belästigungsmanagement**, mit dem man die subjektive Bewertung
> der Situation ändert

---

22 Siehe dazu: Aron, Elaine: The Highly Sensitive Person.
23 Aus »Werner Stangl's Arbeitsblätter« http://arbeitsblaetter.stangl-taller.at/
    EMOTION/Stressbewaeltigung.shtml

Entsprechend dazu gibt es eine ganze Menge verschiedener Maßnahmen, die Sie zu Ihrer Erleichterung anwenden können.

Zeitmanagement

Voraussetzung dafür ist die Festlegung von Hauptaufgaben und Fixzeiten. Darum herum können Sie die weiteren Aufgaben und Tätigkeiten planen.

Bei der Planung sollten Sie die folgenden Grundregeln beachten:

- Arbeitsblöcke sollten nicht mehr als 60 Minuten umfassen.
- Nach einem Arbeitsblock ist eine kurze Pause einzuschieben (Ruheinseln).
- Gleichartige Tätigkeiten sollten in Arbeitsblöcken zusammengefasst werden.
- Es sollten von Arbeitsblock zu Arbeitsblock Abwechslungen in den einzelnen Arbeitsblöcken existieren.
- Schwierige und kraftraubende Arbeiten sollten in die Hochphasen (meist 08.00 bis 12.00 und 15.00 bis 19.00) gelegt werden.

Teilen Sie sich große Projekte in kleinere Einheiten auf. Versuchen Sie, ein Etappenziel nach dem anderen zu erreichen. Das Erreichen jedes weiteren Etappenziels ist ein Erfolgserlebnis, und ein in kleinere Einheiten aufgeteiltes Projekt ist überschaubarer und somit weniger Stress erzeugend.

Nicht selten geraten wir bei der Erledigung von Aufgaben und Pflichten in eine Zeitnot, die wir selbst verursacht haben. Die Verbesserung unseres persönlichen Arbeitsverhaltens ist eine der wesentlichen Maßnahmen zur Stressprophylaxe – nicht nur im Berufsleben.

Reizmanagement

Basis ist die Analyse störender Reize. Danach überlegt man, wie man diese störenden Reize abschaffen, vermindern oder kanalisieren kann.

- immer ein Paar Ohrstöpsel in der Tasche haben für den Fall der Belästigung durch unangenehme oder laute Geräusche.

- Sich jeden Tag für eine gewisse Zeit zurückziehen. Schon eine geringe Minderung des Erregungszustands kann für einen Hochsensiblen bedeuten, dass der kritische Erregungspegel wieder unterschritten wird.
- auf angenehme Kleidungs- und Bettzeugstoffe achten; sonstiges, was die Haut berührt, wie Seife etc. so angenehm wir nur möglich wählen; gut sitzende Kleidung und bequeme Schuhe tragen.
- Geräuscharme Geräte verwenden: Kühlschrank, Uhr, Anrufbeantworter etc., Doppelfenster einbauen.
- Vermeiden Sie es, viele Dinge gleichzeitig zu tun.

Erregungsmanagement

Der Körper reagiert auf Störreize mit einem individuellen Erregungsmuster (Kombinationen aus z. B. Herzklopfen, Erröten, gedankliche Hyperaktivität, Angstgefühle etc.), das eine Bewältigung ermöglichen soll. Dieses Erregungsmuster kann auch durch jede körperliche Betätigung reduziert werden. Präventiv helfen folgende Maßnahmen zur Erregungsreduktion:

- Sport ist eine generelle Möglichkeit, Erregung zu vermindern.
- Mentales Training (Stressimpfung). Geistige Vorwegnahme der belastenden Situation mit steigendem Schwierigkeitsgrad und Lösungsmustern im Kopf.
- Positive Selbstinstruktion: Sich selbst durch einen positiven Selbstbefehl in der Situation hin zu einem erfolgreichen Verhalten bringen.
- Gedankenstopp, um belastende Gedanken, die in der Situation selbst störend sind, abzuschalten und später zu bearbeiten. Dazu gehört auch, Probleme oder Gedanken, die uns beschäftigen, aufzuschreiben. Schreiben bringt Struktur in Gedankengänge, und aufgeschriebene Gedanken sind greifbarer. Vor einem Gedanken, den man »fassen« kann, braucht man sich nicht zu fürchten.

Bringt man Gedanken, die einen plagen, auf Papier, wird der Kopf eher frei für anderes. Durch Aufschreiben entfällt auch die Angst, den Gedanken zu vergessen, man kann ihn daher leichter loslassen.

Belästigungsmanagement

Reduzieren Sie Stress, indem Sie die Situation in die richtige Perspektive rücken. Dafür gibt es viele Möglichkeiten.

- Bevor Sie in Panik geraten, können Sie sich folgende Fragen stellen: Wie schlimm ist das eigentlich? Sterbe ich daran? Werde ich dadurch stark benachteiligt?
- Darüber hinaus reduzieren und relativieren Sie Stress durch körperliche Fitness. Dazu folgende Grundregel: Dreimal in der Woche durch körperliche Anstrengung außer Atem geraten und richtig schwitzen stellt das Minimum dar.
- Achten Sie auf Ihre Ess- und Trinkgewohnheiten. Meiden Sie aufputschende Speisen und Getränke (scharfes und schweres Essen, Koffein). Häufig Wasser zu trinken ist ebenfalls wichtig, denn schon leichte Dehydration beeinflusst unsere Konzentration. Zudem hat Wasser trinken den günstigen Effekt, dass durch das Schlucken der Parasympathicus angeregt wird, ein Nerv, der für Entspannung zuständig ist.
- Ferner gehören in diesen Bereich Entspannungstechniken und bewusstes Atmen. In Situationen der Anspannung sollten Sie langsam atmen. Atmen Sie tief durch die Nase ein, zählen Sie bis 4, und atmen Sie aus dem Mund wieder aus. Achten Sie darauf, dass der Atem aus dem Bauch kommt, d. h., dass Sie wirklich tief einatmen. Wiederholen Sie dies zehnmal hintereinander. Diese Übung reduziert Überstimulation, und Ihr Körper verbindet damit Entspannung.
- Überlegen Sie sich außerdem, wie Sie sich selbst am besten Gutes tun können. Es gibt viele Möglichkeiten zur Entspannung: spazieren gehen, tief durchatmen, lesen, ein Schaumbad nehmen, Aromatherapie, eine gemütliche Teezeremonie, Massagen, Gartenarbeit, Stretching, Yoga, Meditation, ein Museumsbesuch, einen ganzen Tag lang nichts tun, sich etwas Gutes kochen, Musik hören, tanzen etc.

Ausweichen

- Oft können Sie sich der überstimulierenden Situation einfacher entziehen, als Sie glauben. Man ist nicht unersetzbar und kann sich später gegebenenfalls entschuldigen.
- Ist ein Verlassen der Situation nicht möglich, kann man versuchen, die Überstimulation zu reduzieren, indem man die Augen schließt und soviel wie möglich von der Stresssituation ausblendet.
- Besonders günstig ist es, wenn man sich bereits dann zurückziehen kann, wenn man bemerkt, dass man in den Zustand der Übererregung zu gleiten droht. Oft ist es überraschend, wie problemlos andere Menschen dies akzeptieren.
- Sagen Sie »nein«, wenn ein »Ja« das Gefühl der Überlastung auslösen würde. Günstig ist, sich anzugewöhnen, sich Bedenkzeit zu erbitten und, wenn Sie sich mit dem Nein-Sagen schwer tun, dies Schritt für Schritt zu lernen. Falls Ihnen das nicht möglich ist, versuchen Sie zumindest, für jede neue Aufgabe eine alte abzugeben!

Stress einfach auszuweichen funktioniert öfter als man glaubt. Achten Sie jedoch darauf, dass das Ausweichen nicht zu Ihrer einzigen oder hauptsächlichen Strategie wird.

Zuletzt noch einige Anregungen speziell für hochsensible Menschen:

- Es ist wichtig, sich im Klaren darüber zu sein, dass Überstimulation nicht gleichbedeutend ist mit Angst.
- Für kürzere stressreiche Situationen ist es oft hilfreich, wenn man eine gut funktionierende Persona entwickelt hat (eine »Maske«, mehr dazu in diesem Kapitel).
- Auch Lächeln kann helfen, denn unsere Stimmung imitiert unseren Körper, d.h. selbst willentlich herbeigeführtes Lächeln führt dazu, dass man sich besser fühlt.
- Haben Sie Nachsicht und Geduld mit sich selbst. Erwarten Sie nicht, vor anderen Menschen zu glänzen, wenn Sie sich unwohl oder unsicher fühlen.
- Vertrauen Sie darauf, dass Sie Probleme lösen können.

- Hilfreich ist zudem, gerade in stressigen Situationen die Körperhaltung zu beachten und sich möglichst körperlich zu entspannen. Sich zu strecken und die Arme kreisen zu lassen baut ebenfalls Anspannung ab.

Um vermeidbare Störungen am Arbeitsplatz einzuschränken, empfiehlt sich:
- sich ein »Bitte nicht stören« – Schild für die Türe zu basteln und es mit etwas Humor gestalten (z. B. mit einer Comicfigur mit vom vielen Denken rauchendem Kopf o. ä.)
- zusätzliche Sessel im Büro mit Akten zu bedecken, oder ganz wegzuräumen (so macht es sich keiner länger als nötig bequem)
- sich sagen zu trauen: »Ich habe jetzt leider keine Zeit. Könnten Sie bitte in einer Stunde wiederkommen?«
- Zeitlimits für Gespräche zu setzen. Z. B.: »Wir reden am Montag für eine halbe Stunde. Ist das genug Zeit?«
- Richtung Tür zu gehen und zu sagen, dass man nun etwas erledigen müsse, aber auf dem Weg reden könne.

Beachten Sie Ihre Grenzen

Es gibt Hochsensible, die sich selbst zu stark beschützen wollen, die sich zu sehr von der Welt zurückziehen. Aber es gibt auch sehr viele, die sich zu sehr der Mehrheit anpassen wollen und sich deshalb permanent zuviel zumuten. Wenn der hochsensible Körper dagegen rebelliert, versuchen sich zuviel zumutende HSP, ihn abzuhärten oder mit Medikamenten ruhig zu stellen. Der chronische Stress erhöht sich dadurch umso mehr und mit ihm all seine typischen Begleiterscheinungen wie Verdauungsprobleme, Migräne, Kopfschmerzen, Schlafprobleme und einem generell schwachen Immunsystem.

Wer sich zu sehr beschützt und den eigenen Körper als schwach oder kränklich betrachtet, tut sich ebenfalls nichts Gutes.

Ein hochsensibler Körper ist ein großes Geschenk, kann er doch nicht nur Negatives, sondern auch Positives stark und tief spüren. Dieses Geschenk gilt es zu pflegen, um es gegen stresserzeugende Alltags- und Berufssituationen zu wappnen.

Folgende Maßnahmen sind dafür besonders günstig:

- die eigene hohe Sensibilität akzeptieren und schätzen lernen
- regelmäßig und ausreichend schlafen, das heißt ca. 8 Stunden täglich im Bett verbringen (Schlaf und Nichtschlaf)
- eine Stunde pro Tag in der Natur verbringen
- einen Tag pro Woche völlig arbeits- und sorgenfrei verbringen
- für den Fall der Belästigung durch unangenehme oder laute Geräusche immer ein Paar Ohrstöpsel in der Tasche haben
- regelmäßig Zeit mit Tieren, Pflanzen und in der Natur verbringen
- falls Sie religiös sind, nehmen Sie sich die Zeit für Ihre spirituelle Praxis, für Meditation und Gebet
- auf körperliche Fitness achten. Bewegung hilft Ihrem Körper bei der Stressbewältigung. Auch rhythmische Bewegungen sind hilfreich.

Achten Sie gut auf sich, aber verzärteln Sie sich nicht, sonst laufen Sie Gefahr, zum Opfer Ihrer Sensibilität zu werden. Wir sind komplexe Wesen, nicht nur sensibel, sondern auch abenteuerlustig, ehrgeizig und vielseitig begabt. Lassen wir nicht zu, dass unsere sensible Veranlagung unseren anderen wertvollen Persönlichkeitsanteilen im Weg steht. Deshalb ist eine achtsame Erweiterung der eigenen Grenzen ebenfalls sehr wichtig.

Eine besonders wichtige Stressprävention ist qualitativ hochwertiger, ausreichender Schlaf. Im Schlaf werden Stresshormone abgebaut und Ereignisse des Vortags verarbeitet. Allerdings leiden viele Hochsensible an Schlafproblemen. Einige HSP sind extreme Nachtmenschen und können sich kaum an einen Schlaf-Wach-Rhythmus gewöhnen, der ihnen nicht erlaubt bis weit nach Mitternacht wach zu bleiben und bis zur Mittagszeit zu schlafen. Andere sind häufig »zu müde, um schlafen zu können«, was nichts anderes bedeutet als »zu überstimuliert, um schlafen zu können«. Neben Einschlafproblemen werden Hochsensible auch häufig von Durchschlafstörungen geplagt. Verantwortlich für viele Schlafstörungen ist die bei HSP oft erhöhte Konzentration an Stresshormonen im Blut.

Einige Tipps für guten Schlaf

- Respektieren Sie Ihren natürlichen Schlaf-Wach-Rhythmus!
- Gewöhnen Sie sich daran, jeden Tag zu denselben Zeiten schlafen zu gehen und zwar dann, wann Sie meistens müde sind.
- Benutzen Sie den Raum, in dem Sie schlafen, möglichst nur zum schlafen.
- Achten Sie darauf, ob Sie genug Mineralstoffe, z. B. Magnesium, zu sich nehmen. Magnesium wird auch von den Nerven benötigt, ein niedriger Magnesiumspiegel führt zu einer gesteigerten Erregbarkeit des Nervensystems.
- Trinken Sie abends weder Kaffee noch Cola, d. h. nehmen Sie kein Koffein zu sich. Alkohol am Abend ist ebenfalls ungünstig. Achtung, Kaffee ist ein Magnesiumräuber!
- Sogenannte »leichte« Sachen wie Salat abends zu essen, ist nicht gut (Gärungsprozesse im Darm!). Zu spät zu essen, ist ebenfalls ungünstig. Geeignete Speisen für abends sind Suppen oder Nudeln.
- Halten Sie das Schlafzimmer kühl und lüften Sie den Raum vor dem Schlafengehen gut.
- Führen Sie eine Schlafensgeh-Routine mit beruhigenden Elementen ein und halten Sie sich daran.
- Gönnen Sie sich schwere, dunkle Vorhänge oder, noch besser, gute Jalousien (am besten Außenjalousien, die den Raum wirklich völlig abdunkeln und zudem gut gegen Lärm isolieren).
- Bei leichter Irritierbarkeit durch Geräusche sind Ohrstöpsel zu empfehlen.
- Achten Sie auf Ihre Atmung. Atmen Sie ruhig und tief, wenn Sie nicht einschlafen können.
- Wenn Sie nachts aufwachen und nicht wieder einschlafen können, empfiehlt sich, die Beine kalt abzuduschen und sie danach nicht trocken zu rubbeln, sondern nur in ein Handtuch einzuschlagen und so wieder ins Bett zu gehen.

Dr. Possnigg, Facharzt und Psychotherapeut in Wien, empfiehlt bei Schlafstörungen pflanzliche Mittel aus Baldrian, Passionsblume oder Hopfen. Oft wiederkehrende und länger dauernde Schlafstörungen bedeuten eine massive Beeinträchtigung des Alltags, weshalb von ärztlicher Seite nachgehakt werden muss. Auf keinen Fall sollte man auf eigene Faust Schlafmittel im klassischen Sinn verwenden!

Je länger und intensiver der Stress, dem man als Hochsensibler ausgesetzt ist, desto unwahrscheinlicher ist es, dass stresspräventive und stressabbauende Maßnahmen auf Dauer ausreichen um häufige Überstimulation zu vermeiden. Es kann daher für hochsensible Menschen geradezu eine Pflicht sein, weniger als 40 Wochenstunden zu arbeiten und ihr Leben allgemein stressärmer zu gestalten. Deshalb ist wichtig, dass jeder Hochsensible an sich selbst beobachtet, ob die in diesem Kapitel vorgeschlagenen Tipps für ihn ausreichen, um ein der eigenen Konstitution angemessenes Leben zu führen, oder ob grundlegendere Veränderungen nötig sind – etwa, wenn man einen Beruf hat, den man als Frondienst empfindet. (Siehe dazu Kapitel 4 dieses Buches.)

Bedenken Sie auch: Nicht jeder Stress macht krank, es gibt auch positiven Stress. Spannungen erzeugen Kraft, eben Spannkraft. Allerdings sollte sich der Stress in Grenzen halten, und diese Grenzen sind bei jedem Menschen verschieden. Wir alle brauchen Spannung und Entspannung, das ist ein biologisches und psychologisches Grundprinzip. Ein rhythmischer Wechsel macht unser Leben kraftvoll und lebendig.

Burnout

»Burnout« hat zwar erst seit den 70er-Jahren einen Namen, aber zweifellos eine lange Geschichte. Schon das Alte Testament berichtete vom Propheten Elias und seiner »Elias-Müdigkeit«, einem klassischen Burnout-Syndrom im heutigen Sinne. Und auch J. W. v. Goethe verließ seinen bereits in jungen Jahren erworbenen Ministersessel in Weimar und floh nach Italien, weil er dichterisch auszutrocknen drohte. Auch in der Belletristik fehlt es nicht an Beispielen.

So taucht der Begriff »Burnout« in Graham Greene's Erzählung »A Burn Out Case« auf. Und auch Thomas Mann berichtete in seinem Roman »Die Buddenbrooks« über einen Menschen, der sich für Ziele im Übermaß engagierte und letztlich an enttäuschten Erwartungen ausbrannte.

1974 prägte der Psychoanalytiker Herbert Freudenberger in einem Aufsatz einen Begriff, der in den USA in kürzester Zeit populär wurde: »Burnout«. Freudenberger beschrieb Burnout als Ausbrennen im Beruf, als einen Zustand körperlicher, emotionaler und geistiger Erschöpfung. Dabei handelt es sich nicht um eine gewöhnliche Arbeitsmüdigkeit, sondern um einen Zustand, der weit darüber hinaus geht. Burnout bezeichnet einen geistigen Zustand des völligen Ausgebrannt-Seins, eine geistige Leere, einhergehend mit völliger körperlicher Erschöpfung und den Gefühlen von Hilflosigkeit, Hoffnungslosigkeit und dem Gefühl, gefangen zu sein.

Vielen von Burnout betroffenen Menschen wird erst sehr spät klar, welcher Weg sie in diese Situation gebracht hat. Dr. med. Günther Possnigg, der das ‚Burnoutnet Forum' initiiert hat (www.burnoutnet. at) beschreibt den Zustand: »*Intensiver Arbeitseinsatz, Annehmen aller Herausforderungen, Vernachlässigen der körperlichen Bedürfnisse, der Privatsphäre und Missachten aller eigenen Grenzen. Welcher Arbeitgeber möchte nicht so einen engagierten Mitarbeiter? Man wird unentbehrlich. Signale des Körpers wie Erkältungen, Allergien, Verdauungs- und Gelenksprobleme, wurden nicht ernst genommen. ... Auf die Unzulänglichkeiten des Alltags reagierten sie mit zunehmenden Zynismus, manchmal auch mit Resignation. Alkohol und Suchtmittel wurden konsumiert, um zeitweise aus dem Trott auszubrechen.*«[24]

Die Ursachen für Burnout können vielfältig sein. Laut einigen Lehrmeinungen liegt die Ursache primär in der Persönlichkeit des Betroffenen, andere betonen die Bedeutung der Arbeitsbedingungen oder der vorherrschenden gesellschaftlichen Bedingungen. Dazu Dr. Possnigg: »Die Ansicht der amerikanischen Arbeits- und Burnout-Forscherin Christine Maslach und ihres Kollegen Michael Leiter lautet eindeutig: die Umstände des Arbeitsplatzes, besonders Leis-

---

24 Possnigg, Günther auf: http://www.burnoutnet.at am 27.11.2005.

tungsdruck, Mobbing, Globalisierung, geringe Anerkennung und Wertschätzung der Arbeit, das Fehlen von Kontrollmöglichkeiten, von Fairness und Gemeinschaftsgefühl sind massive Faktoren, welche Burnout auslösen oder verschlechtern können. Dem gegenüber steht die Meinung vieler Psychiater und Ärzte, dass persönliche Faktoren, etwa der eigene Umgang mit Leistung, Stress, Rückschlägen und Fehlern hauptausschlaggebend für Burnout seien.«

Nach Ansicht des Burnoutexperten Dr. Possnigg *»liegt die Wahrheit wahrscheinlich in beiden Sichtweisen. Natürlich ist eine sehr starke Gewichtung der eigenen Wertsysteme auf die Arbeit Voraussetzung für Burnout – und natürlich wird diese vom Arbeitgeber gerne gesehen. Aber genauso kann bei einer hohen Wertigkeit der Arbeit diese zum Mittelpunkt der Existenz, der Identität werden und wird damit sehr anfällig für die ‚krankmachenden‘ Mechanismen, welche die amerikanischen Kollegen identifizierten.«*

- Zu den Komponenten innerhalb der Persönlichkeitsstruktur, die ein Burnout fördern, gehören: Hohe idealistische Erwartungen, großes Engagement, starke Emotionalität, labiles Selbstwertgefühl, Helfersyndrom und zu hohe Ansprüche an sich selbst zu stellen.
- Zu den gesellschaftlichen Ursachen zählen unter anderem das Fehlen einer ideologischen Unterstützung und die fehlende Anerkennung und Wertschätzung der Arbeitsleistung durch eine Gemeinschaft bzw. die Gesellschaft.
- Die in den Arbeitsbedingungen liegenden Ursachen liegen in unklaren Erfolgskriterien, fehlendem Feedback, Mangel an Handlungsspielraum, Überforderung und Zeitdruck, großer Verantwortung, Arbeiten unter ständiger Kontrolle, selbst jedoch wenig Kontrollmöglichkeiten zu haben, sowie eine Diskrepanz zwischen humanitären Werten und dem Arbeitsalltag. Auch geringe Entlohnung, schlechter sozioökonomischer Status und zu wenig Gemeinschaftsgefühl begünstigen die Entstehung von Burnout.

Inzwischen ist das Burnout-Syndrom für mehr als 30 Berufe und gesellschaftliche Gruppen beschrieben worden: Über Sozialarbeiter, Lehrer, Manager, Therapeuten aller Art, Krankenschwestern, Sekretärinnen bis hin zu Hausfrauen und Arbeitslosen. Burnout-Fallen drohen in jedem Beruf. Auch Menschen, die gewohnt sind, sich privat sehr stark für andere zu engagieren, können nach vielen Enttäuschungen einen ebensolchen Zustand entwickeln.

Der Burnoutexperte Walter Blüml schreibt dazu: *»Auffallend ist, dass in den meisten der besonders bournoutträchtigen Berufe mit Menschen gearbeitet wird, und zwar insofern asymmetrisch, als die eine Seite dabei gibt, die andere aber nur nimmt. Burnout ist vor allem in der Krankenpflege zu einem Begriff geworden, aufgrund dieser Asymmetrie.«*[25]

Hochsensible sind etwas mehr von Burnout gefährdet. Ein wenig vom idealistischen Don Quijote steckt in jedem Hochsensiblen, der aufgrund seiner ausgeprägten Intuition das große Ganze eines Projektes und daher auch mögliche Risiken und Auswirkungen erkennen kann. Idealismus ist allerdings leider auch einer der Risikofaktoren für Burnout. Dr. Possnigg bestätigt, dass von den Leuten, die aufgrund eines Burnout-Problems zu ihm kommen, fast alle wegen ihrer Sensibilität gekommen sind. Manchen dieser Menschen wurde ihre Sensibilität in ihrer Kindheit und Jugend richtiggehend »rausgeprügelt«. Sie haben frühe Traumatisierungen hinter sich und funktionieren dann irgendwie. *»Früher oder später«*, so Dr. Possnigg, *»geraten sie ins Burnout, weil einfach dieses Funktionieren nicht ausreicht, um ein normales Leben zu führen, den Arbeitsprozess zu bekleiden, etc.«* »Ein Großteil der Burnout- Betroffenen sind Leute, die aufgrund ihres Engagements und auch ihres feinen Gespürs Karriere gemacht haben, sich aber dann sehr schwer tun, sich abzugrenzen.«

Typische Burnout-Symptome[26]

- Gefühle des Versagens, Ärgerns und Widerwillens
- Schuldgefühle

---

25 Blüml, Walter: Burnout. Institut: Hans – Weinberger – Akademie KPDL Kurs 95/97, Sonstiges: Hausarbeit im Fach Psychologie, Dozent A. Schild. In: http://pflege.klinikum-grosshadern.de/campus/psycholo/Burnout/Burnout.html 20.11.2005.
26 Nach Rothfuß 1999, zit. n.: ebd.

- Frustration
- Gleichgültigkeit
- Konzentrationsstörungen
- nervöse Ticks
- Verspannungen
- Schlafstörungen
- häufige Erkältungen und Grippen
- Kopfschmerzen
- Magen-Darm-Beschwerden
- erhöhte Pulsfrequenz
- erhöhter Cholesterinspiegel
- Drogengebrauch
- erhöhte Aggressivität
- häufiges Fehlen am Arbeitsplatz
- verminderte Effizienz
- Verlust von positiven Gefühlen gegenüber Klienten
- Isolierung und Rückzug
- Ehe- und Familienprobleme
- Stereotypisierung von Klienten
- Zynismus, schwarzer Humor
- verminderte Empathie
- Verlust von Idealismus

Folgender Test kann helfen, festzustellen, ob Sie von Burnout betroffen oder gefährdet sind:

Burnout-Selbsttest und Selbsthilfetipps
(von Dr. Günther Possnigg – http://www.burnoutnet.at)

Bitte beantworten Sie nach Ihrem ersten Impuls. Bleiben Sie bei Ihrem Gefühl, und seien Sie ehrlich mit sich selbst. Vergeben Sie für jede Aussage 1–5 Punkte, je nachdem, wie stark diese auf Sie zutrifft:

1 = trifft fast nie zu
2 = trifft selten zu
3 = trifft manchmal zu

4 = trifft häufig zu
5 = trifft fast die ganze Zeit zu

1. Ich habe allgemein zuviel Stress im Leben.
2. Durch meine Arbeit muss ich auf private Kontakte und Freizeit-
   aktivitäten verzichten.
3. Auf meinen Schultern lastet zuviel.
4. Ich leide an chronischer Müdigkeit.
5. Ich habe das Interesse an meiner Arbeit verloren.
6. Ich handle manchmal so, als wäre ich eine Maschine, ich bin mir
   selbst fremd.
7. Früher habe ich mich um mich und meine Mitarbeiter geküm-
   mert – heute interessieren sie mich nicht.
8. Ich mache zynische Bemerkungen über Kunden und/oder Mitarbeiter.
9. Wenn ich morgens aufstehe und an meine Arbeit denke, bin ich
   gleich wieder müde.
10. Ich fühle mich machtlos, meine Arbeitssituation zu verändern.
11. Ich bekomme zu wenig Anerkennung für das, was ich leiste.
12. Auf meine Kollegen und Mitarbeiter kann ich mich nicht verlas-
    sen, ich arbeite über weite Bereiche für mich allein.
13. Durch meine Arbeit bin ich emotional ausgehöhlt.
14. Ich bin oft krank, anfällig für körperliche Krankheiten bzw.
    Schmerzen.
15. Ich schlafe schlecht, besonders vor Beginn einer neuen Ar-
    beitsperiode.
16. Ich fühle mich frustriert in meiner Arbeit.
17. Eines oder mehrere der folgenden Eigenschaften trifft auf mich
    zu: nervös, ängstlich, reizbar, ruhelos.
18. Meine eigenen körperlichen Bedürfnisse (Essen, Trinken, WC)
    muss ich hinter die Arbeit reihen.
19. Ich habe das Gefühl, ich werde im Regen stehen gelassen.
20. Meine Kollegen sagen mir nicht die Wahrheit.
21. Der Wert meiner Arbeit wird nicht wahrgenommen.

AUSWERTUNG:

Bis 30 Punkte und/oder maximal zwei Fragen mit »5« beantwortet:
geringes Burnout-Risiko.
31–60 Punkte und/oder drei Fragen mit »5« beantwortet:
beginnendes Burnout
Über 60 Punkte und/oder mehr als fünf Fragen mit »5« beantwortet:
es ist dringend Zeit, etwas zu tun!

Wer erkannt hat, dass er von Burnout betroffen oder gefährdet ist, hat bereits einen ersten großen Schritt getan. Um Burnout in den Griff zu bekommen, braucht man Geduld. Den unterschiedlichen Erklärungsansätzen für Burnout entsprechend gibt es eine Vielzahl verschiedenster Interventionsansätze. Die Interventionen unterscheiden sich primär dadurch, ob sie auf der Individual- oder auf der Organisationsebene ansetzen. Da es leider kein Patentrezept gibt, ist es sinnvoll, selbst zu erwägen, welche der im folgenden vorgestellten **Hilfsmöglichkeiten** bis zu welchen Grad in Anspruch genommen werden können und müssen:

- Burnout als Betroffener anzusprechen, »zum Thema« zu machen, kann ein ganz entscheidender Schritt auf dem Weg hinaus aus der ‚Burnout-Falle‘ sein, denn bereits das Sprechen über die eigenen Gefühle hilft und verbessert die Situation. Zusätzlich kann man laut über verschiedene Möglichkeiten zu einer Änderung nachdenken und sie dadurch konkretisieren.
- Die erste Anlaufstelle bei Krisen und bei all den körperlichen Symptomen, die mit Burnout in Verbindung stehen, ist oft der Betriebsarzt. Schwindel, Kopfschmerzen oder Panikattacken sind dabei meist nur die Oberfläche. Betriebsärzte wissen über typische Burnout-Symptome Bescheid und können die Koordination für Hilfe übernehmen. Medikamente sind dabei selten der einzig richtige Weg.
- Vor allem in helfenden Berufen kann eine Vermittlung von Wissen über die Ursachen von Burnout das Verhalten und somit auch die Belastung der Helfer verändern. Die Helfer lernen, sich ihre Energie gut einzuteilen, was wichtig ist, da ihre Arbeit viel Einfühlungsvermögen verlangt, aber auch die Fähigkeit, sich zu distanzieren.

- Körperorientierte Techniken, d. h. alle Maßnahmen, die eine Reduktion des körperlich erlebten Stresszustandes bewirken, können zur Burnout-Prävention eingesetzt werden. Besonders bewährt haben sich Schwimmen und Laufen. Ist man bereits von Burnout betroffen, können Methoden zur Stressbewältigung wie Autogenes Training nach Schulz oder Progressive Muskelentspannung nach Jacobson helfen.
- Bewährt haben sich auch gruppenbezogene Techniken wie z. B. Supervisionsgruppen.
- In größeren Städten gibt es zudem Burnout-Selbsthilfegruppen.

Das Achten der eigenen Grenzen und das Festsetzen von Zeiten, die ganz der Entspannung und dem Stressabbau gewidmet sind, sind gerade für hochsensible Menschen essentiell, um Burnout vorzubeugen.

Wie Arbeitgeber Burnout verhindern können

Liegt die Ursache für Burnout primär in den Arbeitsbedingungen, so sind wahrscheinlich mehrere Mitarbeiter betroffen. In diesem Fall sind neben den individuellen vor allem organisationsbezogene Interventionen nötig. Die für diesen Fall von Walter Blüml vorgestellten Interventionsvorschläge sind folgende:
- Schaffung der Möglichkeit eines Sabbatjahres bzw. von Sabbatmonaten (unbezahlter Urlaub).
- Teambesprechungen: Zeit für gegenseitigen Austausch sollte gegeben sein, sodass sich Teammitglieder gegenseitig unterstützen können.
- Abbau von Zeitdruck.
- Verlagerung der Verantwortung in Teams.
- Vermeidung von Verantwortungsdiffusion durch Festlegung von Arbeitsinhalten, Zielen und Verantwortlichkeiten.
- Festlegung von realistischen und konkreten Zielen, die eine Effizienzkontrolle, Feedback und die damit verbundenen Erfolgserlebnisse erst möglich machen (z. B. Pflegeplanung).
- Erweiterung der Handlungsspielräume.

Große Bedeutung für die Vermeidung von Burnout hat auch die Aus- und Fortbildung. Die Fortbildungsmaßnahmen sollten als Arbeitszeit gelten und ohne finanzielle Eigenbeteiligung angeboten werden.

Erfolgreicher Start an einem neuen Arbeitsplatz

Jede neue Situation, jede Veränderung bedeutet auch viele neue Stimuli. Da HSP aufgrund ihrer feineren Detailwahrnehmung mehr Stimuli wahrnehmen, sind auch Veränderungen gewichtiger für sie als für Nicht-HSP. In Zeiten der Veränderung ist die Stimulation größer und damit auch die Überreizung. In solchen Zeiten sollten Hochsensible nicht mehr als unbedingt nötig von sich selbst erwarten. Der Arbeitsbeginn an einem neuen Arbeitsplatz ist solch eine Situation.

Daher bietet dieses Kapitel Tipps dafür, was zu berücksichtigen ist,
- um sich an einem neuen Arbeitsplatz schnell zurechtzufinden,
- um sich schnell in einem neuen Umfeld einzuarbeiten,
- um nicht gleich in ein Fettnäpfchen zu treten,
- um gleich von Beginn an einen guten Eindruck zu hinterlassen,
- um schnell an alle wichtigen Informationen zu kommen und
- um sicherzustellen, dass man nichts vergessen hat.

Tipps, die man bereits vor der Bewerbung umsetzen kann:
- Auf die Firmenkultur der neuen Firma achten: Wer wird gefördert, wer ausgezeichnet? Die Wettbewerbsstarken, die Hoppla-jetzt-komm-ich-Typen? Oder die kreativen Visionäre? Was wird geschätzt? Harmonie und Moral? Kundenservice? Qualitätskontrolle? Oder nur Gewinnmaximierung und Wettbewerbsstärke? Dies ist oft erkennbar an den immer wiederkehrenden Firmenritualen.
- Gefühl für ein Unternehmen und seine Philosophie durch viel Lesen bekommen: z. B. durch Information vía Newsletter, Homepage, Zeitungsartikel, Werbung etc. Man kann auch bei der Firma anrufen und um Zusendung von Informationsmaterial bitten!

Die wichtigsten Bereiche, auf die es am ersten Arbeitstag zu achten gilt:

- Praktische Informationen (Namen lernen, Pausenregelung, Parkplätze, unausgesprochene Regeln)
- Worin besteht die neue Aufgabe? Welches Arbeitsziel soll verwirklicht werden? Parameter des neuen Jobs kennen lernen.
- Die Geschichte des eigenen Arbeitsplatzes und der Abteilung kennen lernen.
- Bekanntschaft mit Kollegen und Teammitgliedern machen.
- Prüfen, inwieweit man den Anforderungen gewachsen ist und herausfinden, wo man die eigenen Stärken gut einsetzen kann.

Check für den ersten Arbeitstag:[27]
(keine Panik, wenn manches davon nicht am ersten Tag in Erfahrung gebracht wird!)

- Genaue Arbeitszeiten erfragen (die echten, die sich nicht unbedingt mit denen im Vertrag decken müssen!).
- Pausenregelungen in Erfahrung bringen. (Ist es üblich, etwas zu Essen mitzubringen? Gibt es eine Kantine?)
- Telefondurchwahl, Schlüssel, Codes, Passworte, E-Mailadresse etc. erfragen.
- Sicherstellen, dass man mit der verwendeten Software vertraut ist.
- In Erfahrung bringen, wo sich sämtliche benötigten Geräte und Räume befinden.
- Gibt es eine Garderobe, ein Schließfach o.ä.?
- Regelungen in bezug auf Gehalt (z. B. ob man noch die Kontonummer bekannt geben muss) erfragen.
- Auf einer Checkliste die wichtigsten Angelegenheiten, über die man sich informieren muss, notieren; Erledigtes zwischendurch abhaken.

---

27 Vgl. dazu auch: Jay, Ros: Erfolgreich starten. Top-Tools für neue Führungskräfte. Financial Times Deutschland, München 2002, S. 19.

Der erste Eindruck, den man an einem neuen Arbeitsplatz hinterlässt, ist wichtig, denn: Er kann zwar revidiert werden, dies ist aber meist eine ziemlich langwierige Angelegenheit. Am besten sorgt man also dafür, dass die ersten Zusammentreffen mit zukünftigen Kollegen oder Vorgesetzten das Gefühl hinterlassen, dass man sich auf eine Zusammenarbeit mit ihnen freut.

Für den ersten Eindruck

- auf Gepflegtheit achten
- sich dem Kleidungsstil der Firma anpassen (dafür an das Bewerbungsgespräch zurückdenken)
- Tipp: keine völlig neue Kleidung tragen, weil unangenehme Überraschungen, wie schmerzende neue Schuhe oder eine kratzende Naht an der Bluse am ersten Arbeitstag besonders ungünstig sind
- nicht zu leise sprechen
- fester Händedruck
- freundlich lächeln, Augenkontakt, freundliche, offene Begrüßungen
- sich nicht immer zum Sprechen auffordern lassen
- Interesse für Äußerungen anderer zeigen
- persönliches Engagement zeigen
- entschlossene, aber nicht hastige Sprechweise und Gestik

Wie bringt man neue Arbeitskollegen dazu, einen sympathisch zu finden?
- aufmerksam zuhören
- echtes Interesse für ihre Belange bekunden
- gerecht und fair sein
- nicht hinter deren Rücken über Mitarbeiter reden
- sich Zeit nehmen, wenn Kollegen mit einem sprechen möchten
- Humor ist gut, allerdings nicht sarkastisch werden
- vertrauenswürdig, d.h. offen und ehrlich auftreten (nicht zu verschlossen sein, auch ab und zu Kleinigkeiten aus dem Privatleben sagen)

- wenn Mittagspausen üblich, halten Sie diese (sonst gelten Sie als übertrieben arbeitswütiger Sonderling)

Tipps für überstimulierende Situationen

- Wird man, gleich nachdem man eine neue Stelle angetreten hat, in Windeseile durch den Betrieb geführt und werden einem Personen im Akkordtempo vorgestellt, so wird man sich wenig davon merken können. Man kann in dem Fall höflich darum bitten, etwas langsamer vorzugehen, oder aber man trägt einen Stift und einen kleinen Notizblock bei sich, wo man sich alles notiert, was man sonst vergessen könnte, von Namen der Kollegen bis hin zu den Öffnungszeiten der Cafeteria.
- Wird man Menschen der Reihe nach schnell vorgestellt, ist es gut, bei jeder neuen Person kurz innezuhalten, indem man eine Frage stellt (z. B.: Was genau ist Ihre Aufgabe? Waren das Sie, die ich heute morgen aus dem roten VW aussteigen sah? etc.) So muss kurz pausiert werden, ein kleines Gespräch entsteht, und man bekommt Zeit, um sich Dinge zu merken.
- Namen merkt man sich leichter, wenn man sie einmal laut ausgesprochen hat.
- Sobald man kurz alleine ist: Notizen machen! (Informationen, Eselsbrücken etc.)
- Augen offen halten nach inoffiziellen Regeln (z. B. »Manager arbeiten mittags durch«, »keiner bleibt länger als bis 18:00«, »Vorgesetzte werden mit Name und Titel angesprochen« etc.)
- Darauf achten, dass man, wenn man sich in einem fremden Gebäude orientieren muss, nicht nur gedankenverloren demjenigen, der einem das Gebäude zeigt, »nachläuft«, sondern aktiv mitdenkt, sodass man sich danach auch wirklich alleine zurechtfindet.

Nach etwa einer Woche sollte man beginnen, auf den Stärken aufzubauen, aufgrund derer man eingestellt wurde. Wird eine Fähigkeit verlangt, über die man nicht verfügt, ist es gut, um entsprechende Schulungen zu bitten oder sich selbst weiterzubilden (Abendkurs, Lehrbuch, Freunde, Internet).

Günstig ist es, wenn man über Stärken oder Eigenschaften verfügt, die in der Firma geschätzt werden, die aber nicht weit verbreitet sind. Sollte eine Eigenschaft, über die man aufgrund der hohen Sensibilität verfügt, in der Firma besonders gefragt sein (z. B. sehr gute Detailwahrnehmung oder schnelles Erkennen der Gründe für Unstimmigkeiten), ist dies eine ideale Voraussetzung, um sich als hochsensibler Mensch als wertvoller Mitarbeiter zu etablieren.

Fron, Job oder Berufung?

Wähle einen Beruf, den du liebst,
und du brauchst keinen Tag in deinem Leben mehr zu arbeiten.

Konfuzius

Berufliche Erfüllung und Lebensqualität werden von jedem Menschen anders beurteilt. Was für den einen Freude und Zufriedenheit bringt, ist für den anderen vielleicht unerträglich. Dennoch gibt es gewisse grundlegende Arbeitsqualitäten, die eine systematische Betrachtung und Analyse der eigenen Situation erleichtern.

Die Psychologin und Sozialwissenschaftlerin Barrie Jaeger unterteilt in ihrem Ratgeber »Making Work Work for the Highly Sensitive Person« die subjektive Qualität von Erwerbsarbeit in drei Stufen: Frondienst – Job – Berufung. Diese praktisch sehr gut brauchbare Dreiteilung werden wir in den folgenden Kapiteln näher erläutern.

Zunächst sehen wir uns eine für uns HSP aufschlussreiche Umfrage an, die erhebt, aus welchen Motiven Menschen ihren Beruf ergreifen und nach welchen Kriterien sie ihn bewerten.

Motive für die Berufswahl

*Unabdingbar sind für mich Vertrauen, Verlässlichkeit, ein gutes Betriebs-
klima, Wertschätzung meiner Arbeit und meiner Person, Teamgeist,
Eigenverantwortung, Entscheidungsfreiheit in meinem Arbeitsbereich,
miteinander arbeiten und nicht gegeneinander. Mit einem Wort, die
Atmosphäre muss stimmen.
Neben all diesen Gründen steht gleichberechtigt, dass ich meine Arbeit
für sinnvoll halte. Ob andere das auch tun, spielt dabei nur eine
untergeordnete Rolle.*

Lore, 61 Jahre, gelernte Krankenschwester und Sekretärin

Alleine des Geldes wegen einem Beruf nachzugehen, ist für manche Menschen Grund genug, um vom Wert ihrer Arbeit überzeugt
zu sein. Für Hochsensible ist eine berufliche Beschäftigung, der sie
einzig und alleine der Bezahlung wegen nachgehen, auf Dauer allerdings unerträglich.

Hochsensible orientieren sich meist stark an dem, was die Arbeit
ihnen jenseits des Geldes bedeutet: Anerkennung, Bestätigung und
vor allem das Gefühl, etwas Bedeutsames zu leisten. Es ist daher
für Hochsensible essentiell, nicht aus rein finanziellen Gründen einer Arbeit nachgehen zu müssen, gegen die sie sich innerlich sträu-
ben.

Eine Umfrage aus dem Jahr 1999[28], in der die Berufsmotivationen der Österreicher ermittelt wurden, kam zu folgendem Ergebnis:	Eine Internet-Befragung Hochsen-sibler (2005)[29] ermittelte im Gegen-satz dazu folgende Berufsmotivatio-nen von HSP:
sicherer Arbeitsplatz 75%	interessante Tätigkeit 68%
nette Kollegen 68%	Arbeit entspricht Fähigkeiten 66%
gute Bezahlung 67%	wenig Stress 55%
Arbeit entspricht Fähigkeiten 60%	Entfaltung eigener Initiative 55%
interessante Tätigkeit 59%	nette Kollegen 55%
Gefühl, etwas zu leisten 57%	anerkannt und geachtet 52%

---

28 Denz, Hermann / Friesl, Christian / Polak, Regina / Zuba, Reinhard / Zulehner,
    Paul M.: Die Konfliktgesellschaft. Wertewandel in Österreich 1990-2000.
    Czernin Verlag, Wien 2001, S. 63.

29 Diese Befragung fand im Rahmen eines Hochsensiblen-Diskussionsforums
    (www.empfindsam.de) im Internet statt.

Entfaltung eigener Initiative 49%	günstige Arbeitszeiten 50%
Beruf mit Verantwortung 49%	sicherer Arbeitsplatz 48%
Zusammentreffen mit Menschen 47%	Gefühl, etwas zu leisten 45%
Gesundheitsschutz 45%	nützlich für Allgemeinheit 43%
günstige Arbeitszeiten 43%	freie Wochenenden 36%
freie Wochenenden 40%	gute Bezahlung 34%
gute Aufstiegsmöglichkeiten 36%	großzügige Urlaubsregelung 32%
nützlich für Allgemeinheit 36%	Zusammentreffen mit Menschen 30%
anerkannt und geachtet 35%	Gesundheitsschutz 27%
großzügige Urlaubsregelung 20%	Beruf mit Verantwortung 25%
wenig Stress 18%	gute Aufstiegsmöglichkeiten 9%

Ein Vergleich dieser beiden Umfragen lässt bereits erkennen, dass Hochsensible meist wesentlich mehr Wert darauf legen, dass ihr Beruf sie interessiert und die Tätigkeit ihren Fähigkeiten entspricht.

Sehr wichtig ist HSP auch, im beruflichen Umfeld anerkannt und geachtet zu werden. Die Bedeutung des allgemeinen Nutzens der Arbeit wird ebenfalls als höher angesehen, ebenso die Entfaltung von Eigeninitiative. Der Aspekt der Selbstverwirklichung steht also ganz oben auf der Skala der Berufsmotivationen Hochsensibler. Auch die soziale Seite der Arbeit, vor allem die Bedeutung des allgemeinen Nutzens der beruflichen Tätigkeit wird als sehr wichtig erachtet. Verantwortung zu tragen und gute Aufstiegsmöglichkeiten sind Hochsensiblen vergleichsweise weniger wichtig. Auch gute Bezahlung rangiert in der Rangliste der HSP weiter hinten.

Ein auffälliger Unterschied zwischen den beiden Befragungen findet sich zum Thema »Stress«: HSP ist es wesentlich wichtiger als der Mehrheit, unter möglichst stressarmen Bedingungen zu arbeiten.

Dennoch tendieren viele Hochsensible dazu, auch in Berufsverhältnissen, in denen sie sich absolut unwohl fühlen, (zu) lange auszuharren. Dieser Weg mündet jedoch in eine Sackgasse. Er führt früher oder später zu dem Gefühl, lediglich Frondienst zu leisten und an den eigenen Wünschen, Werten und Bedürfnissen vorbeizuarbeiten. Die Mühen, die Veränderungsbemühungen mit sich bringen, können sich daher, gerade für Hochsensible, besonders bezahlt machen. Durch aufmerksame Hinwendung, steigende Selbstachtung und ehrliche Analyse kann es uns gelingen, zu immer lohnenderer Arbeit voranzuschreiten.

Dafür stellen wir Ihnen die von Barrie Jaeger entwickelte Dreiteilung der Berufsqualitäten im Einzelnen vor.

Beruf als Fron

Als Herbert, ein hochsensibler junger Mann, sein Studium beendet hatte und Stelleninserate durchsah, fiel ihm die Anzeige eines Call Centers ins Auge, das jemanden für eine »einfache Tätigkeit, kein Verkauf« bei geringfügiger Beschäftigung und freier Zeiteinteilung suchte. »Herrlich«, dachte er sich, »bei solch einem Job erspare ich mir die verhasste Selbstvermarktung beim Vorstellungsgespräch, denn da ich fast schon lächerlich überqualifiziert bin, wird man mich wohl einstellen, auch wenn ich mich nicht selbst anpreisen kann. Freie Zeiteinteilung, kein Verkauf und eine Tätigkeit, die einfach ist, das klingt wirklich sehr entspannend.«

Nun, Herbert wurde tatsächlich eingestellt und startete seine »Karriere« als Call Center Agent mit dem Vorhaben, seinem eigentlichen beruflichen Interesse, der Musik, nebenbei nachzugehen. Schon bald stellte sich aber heraus, dass es völlig seinen inneren Werten und seinem ethischen Empfinden widersprach, bei wildfremden Menschen telefonisch zu stören um ihnen Produkte aufzudrängen, wenn auch gratis zum Testen. Mit der Zeit bekam er zwar eine gewisse Routine, dennoch war auch nach vielen Wochen jeder Anruf eine Überwindung, etwas, gegen das sich sein Innerstes völlig sträubte.

Auch die Atmosphäre des Großraumbüros, die schlechte Luft und die hohe Raumtemperatur, sowie die Tatsache, dass niemand einen fixen Sitzplatz hatte, machten Herbert zu schaffen. Zudem empfand er die meisten seiner Kollegen als völlig wesensfremd, sodass er schon bald die Minuten zählte, bis ein quälender Arbeitstag endlich vorüber war. Obwohl er nur wenige Wochenstunden dort arbeitete, kam es ihm nach wenigen Monaten vor, als säße er in dieser Firma in Dauerhaft. Schon Tage zuvor konnte er nur mehr daran denken, dass er bald wieder der verhassten Tätigkeit nachgehen musste. Daran, nebenbei eine Musikerkarriere in Gang zu bringen, war nach einiger Zeit nicht mehr zu denken, da Herbert viel zuviel Zeit dafür benötigte, sich einigermaßen von den Arbeitsstunden zu erholen. Als er es nach über einem Jahr, bei zunehmendem Leidensdruck, endlich wagte, zu kündigen (sein Sicherheitsdenken hielt ihn so lange davon ab), fühlte es sich an wie ein Befreiungsschlag. Nun fand er endlich die Energie für seine Musik, nun konnte er tatsächlich das tun, wovon er träumte. Heute ist Herbert Klavierlehrer, komponiert und hat sehr erfolgreiche Auftritte in einer Jazzband.

Herbert ist eine HSP, die Fronarbeit verrichtete und sich letztlich für das einzig Richtige entschied: die Flucht nach vorne.

> Seelisch oder körperlich belastende Arbeitssituationen, Tätigkeiten, die einem sinnlos erscheinen, Arbeit, die im Widerspruch zu den eigenen inneren Werten steht, aber oft auch Tätigkeiten, für die man überqualifiziert ist, fühlen sich für Hochsensible nach einiger Zeit wie Frondienst an.

Verrichten Sie Frondienst?

Als ich beruflich mit Dingen beschäftigt war, die mir nichts brachten, konnte ich keine Zusammenhänge erkennen, war ständig mit dem kleinen Gebiet, das ich hatte, komplett ausgelastet, wusste nicht, warum ich die Arbeit verrichtete und war auch ständig überfordert. Da es anderen nicht so ging, dachte ich, es wäre eine Konzentrationsschwäche meinerseits. Die ist wohl auch da, allerdings nur in den Bereichen, die mich langweilen.

Sara, 37 Jahre, Grafikerin

Ein erster Schritt zu Verbesserungen ist die ehrliche Bestandsaufnahme der gegenwärtigen Situation. Von Frondienst sprechen wir, wenn die folgenden Aussagen mehrheitlich zutreffen.
- Ich fühle mich in meinem Job gefangen
- Praktische Überlegungen halten mich davon ab, meinem wirklichen Traum zu folgen
- Ich denke oft an die vielen schönen Dinge, die ich in meiner Freizeit tun kann, kann mich dann aber nicht mehr dazu aufraffen, sie wirklich zu tun

- Ich bin unterbezahlt
- Ich bin häufig krank (Erkältungen, Verdauungsprobleme, Kopfschmerzen)
- Ich fühle eine Schwere in mir als würde ich gerne vorwärtsgehen, werde aber nach hinten gezogen
- Mir graut vor Montagmorgen
- Ich sehe in der Arbeit sehr oft auf die Uhr. Wenn möglich, verlasse ich die Arbeitsstätte sogar verfrüht
- Ich sehe keinerlei Sinn und Fortschritt in meiner beruflichen Tätigkeit
- Autoritäten schüchtern mich sehr ein
- Meine Kreativität schwindet
- Ich bin schnell frustriert, weine leicht oder werde schneller wütend als früher
- Ich habe Ein- oder Durchschlafprobleme
- Ich fühle mich oft sehr deprimiert
- Ich wende Substanzen zur Stimmungsaufhellung an (Tabletten, Drogen, Alkohol)

Der Zustand, den wir als Frondienst bezeichnen, kann durch die unterschiedlichsten Gründe entstehen. Er betrifft unselbstständig Beschäftigte, die mehr oder weniger »gezwungenermaßen« einer Arbeit nachgehen, also nicht aus innerem Antrieb oder zur Entfaltung ihrer Talente, sondern aus Sachzwängen heraus. In den letzten hundert Jahren gab es zahlreiche Denker verschiedenster Wissenschaftszweige, die sich der Thematik angenommen haben. Angefangen bei Karl Marx, der die Situation des »von seinem Produkt wie auch von sich selbst entfremdeten Arbeiters« analysiert hat, über die »Human-Relations-Bewegung« und viele andere Strömungen, bis hin zur modernen Motivations- und Stressforschung wurden die unterschiedlichsten Erklärungen und Lösungsansätze entwickelt.

Die Psychologin Barry Jaeger unterscheidet äußere und innere Gründe für Frondienst. Äußere Gründe sind zu viele Arbeitsstunden, zu wenig Anerkennung für die geleistete Arbeit, zu geringe Bezahlung, wenig Kontrolle, eventuell auch ständige negative Einflüsse durch Vorgesetzte (»Bossing«) oder Kollegen (»Mobbing«), sowie viele Vorschriften darüber, wie die Arbeit gemacht werden soll. Auch physischer Stress und langweilige, nicht herausfordernde Arbeit degradieren eine Arbeitsstelle zu einem Ort des Frondienstes.

Innere Gründe für das Akzeptieren und Ausharren im Frondienst sind erlernte Hilflosigkeit, geringer Selbstrespekt und ein sehr geringes Maß an Selbstverwirklichung. Die Angst vor Arbeitslosigkeit, wenn diese objektiv unbegründet ist, gehört ebenfalls dazu.

Menschen, die über lange Zeit hinweg Frondienst leisten, befinden sich subjektiv gesehen in einer Art von Sklaverei, die sie nicht verlassen können, obwohl es von außen oft so aussieht, als könnten sie es. Gar nicht so wenige Menschen befinden sich ihr ganzes Arbeitsleben lang in solchen schwer erträglichen Verhältnissen.

Gerade HSP tendieren dazu, sich eine Arbeitsstelle zu suchen, für die sie weit überqualifiziert sind. Oft arbeiten sie in Jobs bei denen die Anforderungen nicht zu hoch sind, beispielsweise in einem einfachen Teilzeitjob mit flexiblen Arbeitszeiten und wenig Verantwortung, der keine Überstunden fordert. Wer solch eine Stelle sucht, ist oft der Ansicht, er könnte dann seine wahre Energie in etwas anderes stecken. HSP hoffen, auf diese Weise Zeit für private Interessen und Kreativität zu finden oder sich von einer früheren, stressigen Lebensphase erholen zu können.

Doch diese Rechnung geht meist nicht auf, denn Fronarbeit ist für Hochsensible mehr als »nur ein Job«. Solch eine Arbeit traumatisiert HSP physisch und emotional, wenn sie diese zu lange ausüben. Solche Jobs führen dazu, dass sie letztlich die eigene Gesundheit und das Selbstwertgefühl aufs Spiel setzen. Schlaflosigkeit, Kopfschmerzen, Krankheitsanfälligkeit, Depressionen und Burnout sind die Folgen. Es ist daher essentiell für HSP, anzuerkennen, dass »nur ein Job«, den Nicht-HSP vielleicht problemlos jahrelang ausüben können, für Hochsensible eben nicht jahrelang auszuhalten ist.

Wer Fronarbeit leistet, hat mehr Zweifel, Ängste und Unsicherheiten als andere, er wagt es nicht, Risiken einzugehen und fürchtet Veränderung, aus Angst, dass diese noch mehr ins Negative führen könnte.

»Ich brauche das Geld«, »ich bin zu erschöpft, um auf Jobsuche zu gehen«, »ich mache den Job schon so lange, dass ich bestimmt in keinem anderen mehr genommen werde«, »ich habe keine Ersparnisse und kann daher nicht kündigen«, »ich muss eine Familie ernähren« – all dies sind typische Aussagen von Menschen, die ihre Arbeit als Frondienst empfinden, aber keine Möglichkeit sehen, etwas zu verändern.

»Fronarbeit erstickt den menschlichen Geist« ist sich Barrie Jaeger sicher. Das Verharren in unwürdigen und unangenehmen Berufsverhältnissen raubt Menschen Energie und Selbstbewusstsein, und schwächt ihre Fähigkeit, eine befriedigende Arbeit zu finden.

Manchmal wird auch eine anfangs ganz angenehme Arbeitsstelle nach Jahren zu Frondienst, wenn etwa die Tätigkeit zu stark zur Routine wird oder sich Dinge zum Schlechten ändern, wie beispielsweise durch einen neuen, unangenehmen Vorgesetzten, der die Firmenkultur derart verändert, dass sie nicht mehr unseren Werten entspricht. Auch ethisch nicht korrekte Entscheidungen, die wir nicht mittragen möchten, degradieren einen Job zum Frondienst – manchmal zeitweise, manchmal für immer.

Gründe, warum Hochsensible ohne objektiven Zwang in Frondienst ausharren, werden in einem späteren Kapitel erläutert. Dort finden Betroffene auch zahlreiche Tipps zur Verbesserung ihrer Situation.

‚Der Job‘

Deutlich besser, wenn auch nicht ideal, ist laut Barrie Jaeger der ‚Job‘. Ein ‚Job‘ ist wesentlich angenehmer als Frondienst, aber unsere Berufung ist er dennoch nicht. Das positive Gefühl, das man der Arbeit gegenüber hat, ist vorhanden, wenn auch nicht übermäßig. Die Tätigkeit ist trotz allem nur ein Job. Während Frondienst weder Kopf noch Herz anspricht, spricht der Job immerhin den Kopf oder das Herz an. (Unsere Berufung spricht Kopf und Herz an.)

Wenn Sie einen Job verrichten, ist Ihr Selbstrespekt meist größer als wenn Sie Frondienst leisten. Außerdem fühlt sich die Arbeit schon weniger hart an, weil sie mehr Freiheit und Kontrolle bietet. Die Wahlmöglichkeiten sind größer, und unter Umständen mag man die Arbeit im großen und ganzen sogar halbwegs, oder man schätzt zumindest bedeutende Aspekte davon – im Gegensatz zum Frondienst, den man hasst, aber auch im Gegensatz zur Berufung, die man liebt.

Typische Aussagen von Menschen, deren Berufstätigkeit in die Kategorie ‚Job' fällt, sind: »Ich könnte der Arbeit den Rücken kehren und hätte nicht das Bedürfnis mich wieder umzudrehen«, »meine Arbeit ist intellektuell stimulierend, aber emotional ist der Job ermüdend« oder auch: »der Job ist mittelmäßig, aber die Leute sind sehr nett«.

Folgende Checkliste liefert Anhaltspunkte dafür, ob Sie in einem *»Beruf als Job« arbeiten:*
- Ich fühle mich in meinem Job herausgefordert
- Es gibt Elemente von Fronarbeit in meinem Job
- Es gibt aber auch Aspekte darin, zu denen ich mich berufen fühle
- Mein Selbstbewusstsein ist in Ordnung
- Ich schaue bei der Arbeit häufig auf die Uhr
- Mein Einkommen ist gut, aber die Arbeit erfüllt mich nicht wirklich
- Die Arbeit erfüllt meinen Geist, nicht aber mein Herz (oder umgekehrt)
- Es gibt längere Phasen der Freude über meine Arbeit
- Ich habe den Job aus den falschen Gründen gewählt, aber er befriedigt mich dennoch halbwegs
- Ich habe schon versucht, meinen Job interessanter zu machen, was aber nicht so einfach ist
- Mein Job ist wenig bis kaum bedeutungsvoll für mich
- Ich habe einige Flexibilität und Kontrolle, hätte aber gerne mehr
- Ab und zu bekomme ich ein spannendes Projekt
- Mein Einkommen ist in Ordnung

Ein Job ist also deutlich erträglicher als Fronarbeit. Wenn man ihm auch den Rücken kehren könnte ohne darüber wirklich traurig zu sein, so hat er doch auch erfreuliche Aspekte, die bereichernd sein können.

Unsere Berufung jedoch hat mehr als das ...

Die Berufung

Es gibt viele Gründe dafür, dass ich mit meinem Beruf zufrieden bin: Er stellt immer neue Herausforderungen an mich und ist nie langweilig oder eintönig. Die Arbeit mit ganz unterschiedlichen Menschen bereitet mir Freude und kommt meiner natürlichen Neugier sehr entgegen. Ich arbeite selbstständig und handle überwiegend nach meinem eigenen Ermessen und mit den Methoden, die ich wähle. In die Gestaltung meiner Arbeit redet mir keiner hinein, solange die vereinbarten Ziele (der Zusammenarbeit) erreicht werden. Arbeitszeiten terminiere ich allein, deshalb ist eine gute Vereinbarkeit mit meinen Aufgaben als Mutter und Hausfrau und der eigenen Befindlichkeit möglich. Ich habe den Beruf ergriffen, den ich immer wollte. Für mich ist er Berufung.

Angie, 51 Jahre, Sozialarbeiterin

Wenn es ein Thema gibt, das sich wie ein Faden durch unser Leben zieht, ein Thema, an dem unsere größten Interessensfelder hängen, weist uns dieses Thema in Richtung unserer Berufung.

Die Berufung bringt uns dazu, über uns selbst hinauszuwachsen. Deshalb gehen HSP, wenn sie der eigenen Berufung nachgehen, wenn nötig, selbst Dinge von der Hand, die ihnen sonst sehr schwer fallen, beispielweise Selbstmarketing, weil sie in einen stimmigen Gesamtzusammenhang gebettet sind.

Fronarbeit ist wie ein Gefängnis, das einen festhält; unsere Berufung hingegen ist Teil der eigenen Identität. Frondienst bedeutet quantitative Arbeit, die Berufung ist qualitative Arbeit. Harte Arbeit hat nur Sinn, wenn sie einem HSP etwas bedeutet, wenn sie in Kontext zu dessen eigenen Werten zu setzen ist. Aus diesem Grund empfindet jemand harte Arbeit, wenn sie der eigenen Berufung entspricht, als weit weniger anstrengend als Arbeit, die nur dem Gelderwerb dient.

Wie aber finden hochsensible Menschen ihre Berufung? Die Antwort lautet: Durch konsequente Entwicklung der eigenen psychischen Reife. Die Sprünge von Frondienst zum Job und vom Job zur

Berufung sind vor allem Sprünge des Bewusstseins. In Frondienst und Job ist man aus praktischen Gründen, in der eigenen Berufung hingegen ist man um Erfüllung zu finden. Natürlich gibt es hierfür ebenfalls praktische Gründe – aber sie sind sekundär. Zu Ihrer Berufung finden Sie, wenn Sie der eigenen Intuition vertrauen, denn sie führt in die richtige Richtung, zu etwas Positivem, Heilendem, Konstruktivem. Wenn Sie nach dem streben, was Sie tatsächlich am meisten wollen, sind Sie in einer viel besseren Position als jemand, der nach etwas anderem strebt, von dem er meint, es wäre richtig, obwohl er nicht so fühlt.

Die folgende Liste enthält typische Aussagen von Menschen, die ihrer Berufung auch beruflich nachgehen:
- Ich fühle mich genährt und erneuert durch meine Arbeit
- Ich verspüre Sinn im Leben
- Ich kann mir genügend Zeit nehmen, um zu entspannen
- Ich bin Veränderungen gegenüber aufgeschlossen
- Häufig erwache ich mit vielen Ideen
- »Das bin ich«
- Ich freue mich, arbeiten zu können
- Ich bin kreativ
- Ich rede gerne über meine Arbeit
- Dinge wie Selbstmarketing und Netzwerken gehen mir von der Hand, weil sie in einen bedeutungsvollen Gesamtzusammenhang eingebettet sind
- Mein Leben verläuft harmonisch
- Ich habe viel Kontrolle über die Arbeitsbedingungen
- Ich kann gut Grenzen setzen
- Ich gebe gerne mein Bestes
- Meine Arbeitsethik wird respektiert

Der Unterschied zwischen dem Beruf als Job oder gar dem Frondienst und der Berufung ist also in erster Linie der, dass unsere Berufung eine tiefe innere Bedeutung für uns hat, die uns erfüllt. Wir erleben das für uns richtige Maß an Herausforderung und positivem Stress. Die Arbeit entspricht unseren Fähigkeiten, sie ist »wie für uns geschaffen«.

Fragen wie »Soll ich diesen Job annehmen?« führen Hochsensible schnell zu viel Umfassenderem wie »Was ist mein Platz in der Welt?« oder »Was ist meine Bestimmung?« Es ist für hochsensible Menschen besonders wichtig, das »Richtige« zu tun, da sie sehr idealistisch, fehlersensibel und kritisch mit sich selbst sind. Hochsensible sind oft sehr intelligent, kreativ und sehr motiviert, das Richtige zu tun.

Zufriedenstellende Arbeit ist für jeden Menschen etwas Wundervolles. Für eine HSP aber ist sie eine Notwendigkeit. Wir können keinen Frondienst leisten, am Abend nach Hause gehen, die Arbeit gedanklich hinter uns lassen und glücklich sein. Es gibt bestimmte Arbeitsumfelder, in denen hochsensible Menschen emotional absterben. Es ist gut, wenn man das als Hochsensibler weiß, damit man sich nicht jahrelang durch Jobs quält, mit dem Gedanken, dass andere solch einen Job ja auch problemlos meistern, »also muss ich es auch tun.«

Eine Voraussetzung für die Befreiung aus unpassenden oder quälenden Arbeitsverhältnissen ist Selbstbewusstsein. Setzen Sie sich mit Ihren Eigenheiten, besonders auch mit Ihrer Sensibilität und Ihren speziellen Begabungen, auseinander und lieben Sie sich dafür! Selbstbewusste HSP wissen, dass sie das Recht haben

• in einem emotional und physisch angenehmen Umfeld zu arbeiten
• respektvoll behandelt zu werden
• die eigenen Gefühle und Gedanken ausdrücken zu dürfen.

In den folgenden Abschnitten wollen wir Sie darin unterstützen, Ihre Berufung zu finden. Das wird im Allgemeinen ein Prozess sein, der aus vielen kleinen Schritten bestehen wird.

Warum verrichte ich immer noch Frondienst?

Viele Hochsensible neigen dazu, zu lange Frondienst zu leisten und selbst an Arbeitsstellen, die sie psychisch und physisch stark belasten, lange Zeit ihr Bestes zu geben. Der Stress aber, der entsteht, weil unser Beruf der absolut falsche für uns ist, kann schlimmer sein als jener, der durch die eigentlichen Arbeitsanforderungen entsteht. Wenn

Hochsensible den Frondienst schließlich doch aufgeben, sind sie oft völlig erschöpft und ausgebrannt. Burnout, chronisches Müdigkeitssyndrom oder Depressionen sind dann keine Seltenheit.

Wenn Sie selbst das Gefühl haben, einem Beruf nachzugehen, der sich anfühlt, als müssten Sie Frondienst verrichten, können die folgenden Kapitel

1. zur Klärung beitragen, aus welchen Gründen Sie immer noch Ihrer ungeliebten beruflichten Tätigkeit nachgehen und
2. ausgehend davon konstruktive Anstöße für die Zukunft liefern.

In jeder beruflichen Krise steckt die Chance auf einen Neubeginn. In einer Krise stellt man das, was bisher galt, in Frage. Das heißt, man muss die Karten neu mischen, die eigenen Denkmuster sichten und das über Bord werfen, was zur Krise geführt hat. Krisen sind daher auch Chancen für eine Neuorientierung, und sofern man an den Gründen arbeitet, die zur Krise führten, bieten sie sogar die Chance für eine grundlegende Neuorientierung auf einer ganz tiefen Ebene.

Gerade für Menschen, die ihre Arbeit als Frondienst empfinden, gilt: Wer weiterhin tut, was er momentan tut, wird weiterhin das erreichen, was er momentan erreicht – und nichts anderes. Es ist daher wichtig, etwas für unser eigenes Glück zu tun. Als ersten Schritt dürfen wir ihm vor allem nicht selbst im Wege stehen. Herauszufinden, warum man in eine missliche berufliche Lage geriet oder immer wieder gerät, ist der erste, bedeutende Schritt, um eine grundlegende Verbesserung der eigenen Situation zu erreichen. Die folgenden Kapitel können dabei behilflich sein.

Übergroße Vorsicht

Ein Grund, warum Hochsensible es oft nicht wagen, sich beruflich neu zu orientieren, obwohl sie die Arbeitstätigkeit als Frondienst empfinden, ist zu große Vorsicht. HSP sind häufig übervorsichtige Menschen, die zwar von ihrer Berufung träumen, aber aus Vorsicht in ihrem quälenden Job bleiben. Sicherheit ist jedoch riskanter, als man denken mag, denn sie führt dazu, dass man sich vor dem Leben, das man eigentlich leben möchte, versteckt und all das versäumt, was man sich erträumt. Gemeint sind hier keine eskapistischen Träume vom Lottogewinn oder ähnlichem, sondern Träume von einer Arbeit, die uns bedeutungsvoll erscheint, die wir gerne tun würden, weil sie für uns Sinn macht.

Übervorsichtigen Menschen wurde die Übervorsicht eingetrichtert. Ihre Kindheit war vielleicht von vielen Unsicherheitsfaktoren geprägt, sodass sie nun die größtmögliche Sicherheit suchen. Oder aber sie wuchsen sehr behütet auf, vielleicht weil die Eltern sich, nach einer eigenen ungeborgenen Kindheit, endlich ein friedliches Nest geschaffen hatten. Und nun überträgt sich die Haltung der Eltern, dass man stets auf der Hut sein und kontrollieren muss, ob das Leben noch sicher ist und dass es die Idylle zu wahren gilt, auf das Kind, das dadurch trotz sicherer Kindheit zu einem übervorsichtigen Erwachsenen wird.[30]

Diese übernommene Angst vor Risiken führt im Arbeitsleben übervorsichtiger Menschen zu der Angst, keinen anderen Arbeitsplatz zu finden, wenn sie sich neu orientieren würden. Übervorsichtige haben häufig Angst, sich erneut auf den Prozess der Arbeitssuche einzulassen. Oder sie bleiben aus den falschen Gründen wie übergroßer Loyalität zu Vorgesetzten, Firma oder Kollegen in ihrem Arbeitsverhältnis. Oft meiden sie Herausforderungen und den vollen Einsatz ihrer Talente. Sie bevorzugen Komfort, Sicherheit und Unauffälligkeit gegenüber dem Herausfordernden, neuem Wachstum und Selbstpräsentation. Der Wunsch nach Versorgung kann so übermächtig sein, dass so mancher aus Angst, seine Versorgung nicht weiter gewährleisten zu können, in einem selbstschädigenden Arbeitsverhältnis bleibt.

Eine weitere Grundlage dafür, aus Vorsicht in einem als Frondienst empfundenen Arbeitsverhältnis auszuharren, ist wenig Selbstvertrauen. Eine Person mit niedrigem Selbstvertrauen passt sich eher widrigen Umständen an, anstatt diese aktiv zu verbessern oder einen Neubeginn zu wagen.

---

30 Vgl. dazu: Sher, Barbara: I Could Do Anything If I Only Knew What It Was. Delacorte Press, New York 1994, S. 69.

Übervorsichtige Menschen tun sich häufig schwer, herauszufinden, was sie wirklich wollen, weil sie nur nach dem streben, was sie für möglich halten, statt nach dem, was sie wirklich ersehnen. Wenn wir uns beispielsweise einreden, dass wir Verkäuferin werden sollten, weil unsere Schwester ja auch als Verkäuferin glücklich und zufrieden ist, obwohl wir weder die Anforderungen des Kundenverkehrs noch den Umgang mit vielen fremden Menschen erstrebenswert finden, werden wir in diesem Beruf nicht glücklich werden.

Anregungen für all jene, die aus Vorsicht immer noch Frondienst leisten:
• Wer Sicherheit wählt, obwohl er von etwas anderem träumt, muss sich ganz kleine Etappenziele setzen, damit das innere Alarmsystem langsam überlistet werden kann. Auf diese Weise können Erfolgserlebnisse gesammelt werden.
• Ein zu großes Sicherheitsbedürfnis und ein zu großes Bedürfnis, angenommen zu werden und »dazuzugehören«, führen oft dazu, dass wir uns auf sinnlose Weise »belohnen«: mit zuviel einkaufen, zu viel essen, zu lang wach bleiben, etc. Solche Gewohnheiten muss man erkennen (was oft nicht so einfach ist, da sie auf den ersten Blick ja Belohnungen und erst auf den zweiten Strafen darstellen) und sie durch einen tatsächlich wertschätzenden Umgang mit uns selbst ersetzen. Allmählich lernen wir zu erkennen, wie wir uns selbst wirklich gut tun. Vielleicht ersetzen wir dann die Zigarette durch ein paar Minuten alleine an der frischen Luft und den Schokoriegel durch ein Glas frischen Saft.

Eine entscheidende Frage lautet: »Welche Aktion sollte gesetzt werden?«. Wenn man Angst sehr lange unterdrückt, folgt Verwirrung. Die Frage nach dem nächsten sinnvollen Schritt kann dann oft nicht mehr beantwortet werden. Aus diesem Grund ist es nötig, erst die genaue Ursache dafür, warum man aus Vorsicht keine Veränderung wagt, herauszufinden und an dieser zu arbeiten.

Hierzu kann die Auseinandersetzung mit folgenden Fragen hilfreich sein:

- Warum suche ich so dringend Sicherheit? Was genau befürchte ich, das geschehen könnte, wenn größtmögliche Sicherheit nicht mehr gewährleistet ist?
- Habe ich meine Erwartungen an eine Arbeitsstelle aufgrund nicht mehr aktueller Motive heruntergeschraubt?
- Fürchte ich den Prozess der Arbeitssuche und wage es deshalb nicht, mich beruflich neu zu orientieren?
- Weiß ich, was ich eigentlich möchte, oder überschattet mein Sicherheitsdenken meine Wünsche zu stark?
- Oder mangelt es mir an Selbstwertgefühl oder Selbstvertrauen?

In jedem dieser Fälle kann es sehr sinnvoll sein, die Hilfe eines erfahrenen Berufsberaters oder einer Berufsberaterin in Anspruch zu nehmen. Mit seiner oder ihrer Hilfe gelingt es leichter, Klarheit zu finden und die nächsten sinnvollen Schritte zu erkennen.

Fehlende Kraft für einen Neubeginn

Hochsensible, die von ihren Berufskollegen oder Vorgesetzten ausgenutzt, respektlos behandelt oder gemobbt werden, ziehen sich häufig sehr in sich zurück, leiden still, sind froh über jede Minute, die sie ihren Arbeitsplatz früher verlassen können und ändern dennoch erschreckend lange nichts an ihrer Lage, weil ihnen bereits die Kraft dafür fehlt.

Für einen typischen Hochsensiblen, der pflichtbewusst und loyal ist, auf Qualität achtend, ideenreich, intuitiv, begabt, auf Kundenwünsche bedacht und für den gutes Arbeitsklima essentiell ist, um nicht auszubrennen, ist es besonders belastend, wenn die eigenen Qualitäten am Arbeitsplatz nicht gewürdigt oder vielleicht nicht einmal bemerkt werden. Dies führt früher oder später zu völliger Erschöpfung und dem Gefühl, in den eigenen Kompetenzen nicht erkannt und geschätzt zu werden. Resignation und oft auch Selbstzweifel sind die Folge.

> Obwohl es gerade dann, wenn man sich kraftlos fühlt, besonders schwer fällt, die Energie aufzubringen, sich auf etwas Neues einzulassen, ist es doch wesentlich, neue Perspektiven ins Auge zu fassen.

Hat man diesen Entschluss gefasst, gilt es, die eigene Berufung herauszufinden, sofern man sie nicht schon kennt. → Kapitel 5 dieses Buches kann dabei hilfreich sein.

Berufliche Selbstständigkeit ist etwas, das für Hochsensible als Alternative zu einem als Frondienst empfundenen Arbeitsverhältnis in Frage kommen kann. → Über die Für und Wider der Selbstständigkeit gerade für Hochsensible ist gegen Ende von Kapitel 7 zu lesen.

Schließlich gibt es eine Reihe von Berufen, die eher für extravertierte, andere, die mehr für introvertierte HSP geeignet sind und wieder andere, die sich bei weiteren Typausprägungen anbieten. → Kapitel 7 befasst sich ausführlich mit dieser Thematik.

Wenn man kraftlos und ausgelaugt in einem als Frondienst empfundenen Beruf ausharrt, gilt es, zuerst herauszufinden, was die genauen Gründe dafür sind. Kennt man diese, kann man beginnen, Schritt für Schritt an einem Ausweg aus dem Dilemma zu arbeiten. Suchen Sie sich dafür Unterstützung von guten Freunden oder von Fachleuten.

Nette Vorgesetzte und/oder Kollegen, sinnlose Arbeit

Dr. Elaine Aron, Autorin von »The Highly Sensitive Person«, ist der Ansicht, dass jede berufliche Tätigkeit für Hochsensible erfreulich sein kann, wenn nur der Arbeitsplatz bzw. die Bedingungen am Arbeitsplatz erfreulich sind, d. h. wenn vor allem die Beziehung zu Kollegen und Vorgesetzten eine angenehme und weitgehend konfliktfreie ist. In diesem Punkt möchte ich Frau Aron widersprechen. Natürlich ist das gute Betriebsklima essentiell für die Arbeitszufriedenheit speziell hochsensibler Menschen, aber das Betriebsklima alleine macht einen Arbeitsplatz noch nicht zu einem Ort der Berufung.

Gerade für HSP ist es von immenser Bedeutung, dass sie sich mit ihrer beruflichen Tätigkeit identifizieren können, dass diese ihren

Werten dient, dass sie positive Veränderungen in Gang bringt, oder allgemein nützlich und hilfreich ist.

Es stimmt, dass Arbeitsaufgaben, die mit den eigenen Werten und Vorstellungen nicht im Einklang stehen, leichter zu bewältigen sind, wenn die Beziehung zu den Kollegen und Vorgesetzten gut ist. Die Kollegen zu mögen, kann dennoch einen Beruf, der von der Tätigkeit her bestenfalls in die Kategorie »Job« oder gar »Fron« fällt, niemals in den Bereich der »Berufung« heben. Sicher ist ein nicht idealer Job bei gutem Betriebsklima für lange Zeit erträglich, aber dennoch wird man als Hochsensibler an den Punkt kommen, wo die Berufszufriedenheit sinkt, wenn die Arbeitsaufgaben mit unseren Vorstellungen zu wenig in Einklang zu bringen sind. Auf Dauer ist ein Arbeitsplatz mit netten Kollegen und Vorgesetzten, aber einer Tätigkeit, die uns nicht zusagt, dazu prädestiniert, in die Kategorie »Frondienst« abzudriften. Dies gilt insbesondere für introvertierte HSP, für die der Austausch mit anderen Menschen keine Energiequelle darstellt. Es tut gut, das als Hochsensibler zu wissen.

Hochsensible haben spezielle Charakteristika, die viele Vorteile bringen, aber auch Nachteile haben. Um sich selbst gerecht werden zu können und auch, um ihre speziellen Stärken zur Anwendung bringen zu können, sollten hochsensible Menschen lernen, sich auch mit ihren problematischen Charakteristika anzufreunden und zu arrangieren. (Dazu gehören die größere Empfindlichkeit, häufigeres Rückzugsbedürfnis, überdurchschnittliche Probleme mit Konflikten sowie eine gewisse Langsamkeit, die aus dem Bedürfnis nach gründlicher Vorbereitung und Verarbeitung kommt.) Dadurch wird es erst möglich, die besonderen Begabungen und Kräfte zu pflegen und verlässlich und konstant einzubringen.

Interessante Tätigkeit, schwieriges Arbeitsklima

Leider kommt es gar nicht so selten vor, dass man zwar einer interessanten beruflichen Tätigkeit nachgeht, aber Vorgesetzte oder Kollegen für ein schlechtes Arbeitsklima sorgen. In dem Fall steht man als Hochsensibler, dem zwischenmenschliche Reibereien und Konflikte besonders stark zusetzen, früher oder später vor der Frage, ob man kündigen soll, oder ob sich eine Verbesserung der Situation im bestehenden Arbeitsverhältnis erzielen lässt, und wenn ja – wie.

Mit schwierigen Menschen arbeiten zu müssen, ist besonders dann unangenehm:
- wenn man stark empathisch ist, d. h. die Gefühle anderer sehr stark nachfühlt
- wenn man große Angst hat, die Gefühle anderer zu verletzen
- wenn man schnell aufgeben möchte, weil man überstimuliert oder entmutigt ist
- und wenn man den eigenen Gefühlen kein Vertrauen schenkt.

Generell ist wichtig, als Arbeitnehmer sowohl mit Vorgesetzten als auch mit Kollegen so zu reden, dass man die eigenen Bedürfnisse äußert und gleichzeitig die andere Person achtet. Nur unreife Hochsensible haben ein Problem damit, andere zu achten. Das Durchsetzen der eigenen Bedürfnisse fällt vielen von ihnen dagegen deutlich schwerer.

Es ist aber sowohl für uns als auch für die Sache der HSP sehr wichtig, dass wir lernen, unsere besonderen Bedürfnisse zu erkennen und zu formulieren. So schaffen wir die Voraussetzung, sichtbar und anerkannt zu werden. Denn nur unter HSP-gerechten Bedingungen können wir unser Bestes geben.

Bei einem Gespräch mit dem Vorgesetzten kann diesbezüglich folgendes hilfreich sein:
- versichern, dass man auch ohne häufige Kontrolle der Arbeitsleistung sein Bestes gibt
- verdeutlichen, dass man produktiver ist, wenn man jedem Projekt die ihm angemessene Aufmerksamkeit schenken kann
- darlegen, dass man viele gute Ideen hat, für deren Entwicklung und Umsetzung man Zeit braucht.

Viele hochsensible Menschen tun sich schwer damit, energisch Grenzen zu setzen und zu verteidigen. Sie selbst erkennen und wahren zumeist die Grenzen der anderen auch ohne einen Schuss vor den

Bug bekommen zu haben. Deshalb tendieren sie dazu, diese Fähigkeit auch bei ihren Mitmenschen als selbstverständlich anzusehen. Allerdings sind Vorgesetzte und Arbeitskollegen, denen man die eigenen Grenzen sehr wohl verdeutlichen muss damit sie diese achten, häufig und weit verbreitet. Jede HSP tut deshalb gut daran, zu üben, wie man Grenzen setzt:

Um Grenzen setzen zu können, ist es wichtig, »nein« sagen zu können, denn: Je besser man »nein« sagen kann, desto erfolgreicher kann man Überstimulation verringern.

- »Nein« sagen bedeutet, sich selbst respektieren und sich mit den eigenen Grenzen wohlfühlen. Es bedeutet ein »Ja« zu sich selbst.
- »Nein« sagen bedeutet, etwas Unangenehmes ändern zu können.
- »Nein« sagen bedeutet, dass wir unseren Stresslevel selbst regulieren können. (Es ist für andere kaum möglich, unseren Toleranzbereich zu erkennen, wenn wir ihn nicht mitteilen.)
- »Nein« sagen bedeutet, in den eigenen Grenzen konsistent zu sein und Probleme klar kommunizieren zu können.

> Man muss also gerade als hochsensibler Mensch lernen, »nein« zu sagen, und zwar deutlich, höflich und selbstbewusst. Je mehr man das übt, desto besser kann man es – sogar unter Stress.

Wenn diese Strategien nicht helfen, weil Vorgesetzte oder Kollegen gar keinen Wert auf gleichberechtigte Kommunikation und faire Zusammenarbeit legen, ist es sinnvoll, die Tipps in Kapitel 3 in den Abschnitten ‚Vorgesetzte und Kollegen‘ und ‚Mobbing‘ nachzuschlagen. Lassen sich keine Verbesserungen der Arbeitssituation erzielen, kann es manchmal sein, dass eine Kündigung der einzige Ausweg ist, um das körperliche und seelische Wohlbefinden nicht längerfristig stark zu irritieren, denn: Auch die interessanteste berufliche Tätigkeit wird zu Frondienst, wenn das kollegiale Umfeld stark belastend ist.

Die Sinnfrage[31]

Muss Arbeit sinnvoll sein? Für viele Menschen reicht »Geld verdienen« als Sinn für ihre Arbeit aus. Bekommen sie noch ein wenig Anerkennung als Zugabe, sind sie zufrieden. Hochsensible sind diesbezüglich anders. Bei ihnen muss auch das Gewissen befriedigt und die Sinnfrage geklärt sein, ansonsten kann für sie jede Arbeit zu Frondienst abgleiten.

Menschen sind die einzigen Lebewesen, die gelegentlich Selbstmord begehen, wenn ihnen ihr Leben sinnlos erscheint. Unsere Arbeit trägt zur Sinnhaftigkeit unseres Lebens ganz maßgeblich bei. Für HSP gilt ganz besonders: Arbeit muss bedeutungsvoll sein! In der beruflichen Tätigkeit muss ein Gesamtsinn erkennbar sein, d. h. die Tätigkeit muss sich in einen größeren Zusammenhang innerhalb der eigenen Werte fügen. Während manch andere Leute beim Verlassen der Arbeitsstelle alles hinter sich lassen, sind HSP ein anspruchsvolles Gesamtpaket von Herz, Verstand, Idealismus, Vorstellungskraft und Kreativität. Werte sind das Herz der Energie und Produktivität von Hochsensiblen; sie sind ihnen eine bedeutende Motivationsquelle.

Ein besonders wichtiger Wert ist »Wahrheit«. Hochsensible haben zumeist einen ganzheitlichen Blick. Sie erahnen die Auswirkungen verschiedener Aktionen und machen sich viele Gedanken. Wenn nun eine berufliche Tätigkeit kein stimmiges Gesamtbild ergibt, wenn beispielsweise die Umsetzung eines Konzeptes nur kurzfristige Erfolge für ein Unternehmen erbrächte, langfristig aber negative Auswirkungen hätte, oder wenn die Erfolge auf Kosten anderer gingen, sträubt sich das starke ethische Bewusstsein der HSP.

Gegen Tätigkeiten, die nicht in Einklang mit der eigenen Moral und den eigenen ethischen Werten stehen, verspüren die meisten Hochsensiblen starke Abneigung. Vertreterjobs und jede Art von stark aktivem Verkauf sind HSP fast immer ein Gräuel. Nachfrage erzeugen, wo offenbar noch gar keine besteht, empfinden sie als aufdringlich, unhöflich und moralisch bedenklich.

---

31 Zu diesen Thema siehe auch: Parlow, Georg: Zart besaitet. Selbstverständnis, Selbstachtung und Selbsthilfe für hochempfindliche Menschen. Festland Verlag, Wien 2003.

Wer seine Arbeit als sinnlos empfindet, sollte herausfinden, welche Art von Bedeutung es ist, die ihn anzieht. Dabei ist es egal, ob diese Bedeutung unrealistisch erscheint wie »ich möchte sein wie Einstein« oder »ich will helfen wie Mutter Theresa«, denn dahinter steckt ein Prinzip, das eine Leitlinie sein kann.

HSP, die nicht herausfinden, welche Art von Bedeutung sie brauchen, werden sich leer fühlen. Das Forschen nach persönlicher Bedeutung ist daher keineswegs selbstsüchtig, denn nur, wer tut, was ihm etwas bedeutet, kann mit seinen Begabungen und mit seiner Kraft einen Beitrag erbringen.

Folgende Fragen können bei der Suche nach Bedeutung hilfreich sein:
- Was ist mir wichtig? Was nicht?
- Was ist meine Berufung in dieser Welt?
- Was ist mein Platz in dieser Welt, den nur ich ausfüllen kann?
- Was gibt mir Energie, wenn ich es ausübe?
- Welche Werte sind mir besonders wichtig?
- Wo ist meine Nische?

Manchmal wird lange Zeit versucht, einem als sinnlos empfundenen Arbeitsverhältnis Sinn zu geben. (z. B. »Ich habe in Krisenzeiten ein offenes Ohr für meine Kollegen.« Oder: »Wenn ich diese Arbeit nicht machen würde, täte es jemand anderer der weniger Skrupel hat wie ich«) Wenn einem die Tätigkeit gar nicht zusagt, wird dies allerdings nicht möglich sein. Funktionieren kann es nur, wenn die Sinnlosigkeit an änderbare Randbedingungen geknüpft ist und nicht im Kern der Arbeit liegt. Da dies aber nur in Ausnahmefällen so ist, ist es wichtig, sich klarzumachen, ob man eine als sinnlos empfundene Arbeitsstelle verlassen sollte. Nehmen Sie sich dabei bitte kein Beispiel an nicht-hochsensiblen Bekannten, die sinnlose Arbeit meist deutlich länger ertragen als HSP.

Aufgrund ihrer starken Wertorientierung und der Aversion gegen Philosophien, die den eigenen widersprechen, ist die Sehnsucht hochsensibler Menschen nach Arbeit, die ihnen wirklich etwas bedeutet, sehr groß. Oft sind die etwas unkonventionelleren, originelleren beruflichen Wege die richtigen für HSP.

Eine vor kurzem veröffentlichte Wertestudie von ,Booz Allen Hamilton'[32], einer renommierten international tätigen Unternehmensberatungsfirma, lässt auf einen Wandel der Firmenethik hoffen, der Hochsensiblen sehr zugute käme. Diese Studie kam zu dem Schluss, dass Mitarbeiter, die ihre Moralstandards nicht vor der Bürotür abstellen, schon bald die attraktivsten sein werden: *»Ethik und Werte sind als Reparaturprogramm inmitten von Korruption und Skandalen bekannt. Immer mehr Unternehmen verstehen aber, dass ein Set von Werten Identität schafft und Wettbewerbsvorteile bringt. Und zwar solche, die sich nicht technisch-pragmatisch und monetär herstellen lassen… Beim Wertethema geht es auch um die Wirksamkeit nach außen und nach innen: Unternehmen, die verstanden haben, dass ihre Mitarbeiter Moralstandards nicht vor der Bürotür parken wollen, und die in ihrer Personalentwicklung auf die Stärkung ethischer, kommunikativer, interkultureller – und vor allem wertschätzender – Kultur setzen, werden die attraktivsten sein. Ein prinzipienorientierter Führungsstil, der das Entstehen eines Prinzips als Prozess einer Diskussion ausschließt, dürfte auf diesem Weg*

---

32 Bauer, Karin: Wertewirksamkeit. In: Der Standard online, 12.3.2005

ziemlich hinderlich sein. Die von oben verordnete Unternehmensleitlinie
bringt Mitarbeiter nun einmal nicht problemlos zu den Zielen… Um bloße
Reparatur, PR oder Betätigungsfelder für Schöngeister geht es beim Werte-
thema nicht mehr – sondern um einen Nerv der wirtschaftlichen Lebens-
fähigkeit inmitten beschleunigter Globalisierung.«

Ich bin überqualifiziert!

Es gibt unterschiedlichste Gründe dafür, dass sich hochsensible
Menschen in Berufen wiederfinden, für die sie überqualifiziert sind.

Mögliche Ursachen können sein:
* HSP spielen die eigenen Qualifikationen oft herunter bzw. heben
  sie zumindest nicht hervor, weil es ihnen widerstrebt sich anzuprei-
  sen, ihr Können und Wissen, ihre Erfahrungen und Qualitäten zu
  »verkaufen«. Stattdessen hoffen sie, dass erkannt wird, was sie wert
  sind, ohne dass sie es betonen müssen. Da dies allerdings häufig
  nicht der Fall ist, manövrieren sich Hochsensible oft in Arbeitsverhältnisse, für die sie überqualifiziert sind.
* Ein anderer Grund ist, dass für viele HSP bereits die Idee, einen
  neuen Job zu suchen, so stressig ist, dass sie beschließen, einen
  möglichst einfachen, stressfreien Job zu suchen.
* Es kann auch sein, dass das eigene Selbstvertrauen niedrig ist und
  man sich deshalb keine anspruchsvollere Arbeit zutraut.
* Manche Hochsensible bleiben zu lange in einem unterbezahlten
  Job oder einer Arbeitsstelle, für die sie deutlich überqualifiziert
  sind, weil sie sich selbstsüchtig vorkämen, wenn sie kündigen würden. Vielleicht haben sie sich während ihrer Tätigkeit weitergebil-
  det und sind dadurch dieser Position entwachsen. Ihre Loyalität
  der Firma und dem Vorgesetzten gegenüber ist jedoch so groß, dass
  sie sich beruflich nicht verändern.
* Und sehr oft ist es ganz einfach so, dass andere Lebensbereiche einer Person soviel Energie abverlangen, dass sie für ihr Berufsleben
  nicht mehr genug Energie übrig hat (z. B. eigene Kinder, schwierige Ehe, pflegebedürftige Angehörige, oder die Zugehörigkeit zu

einer Randgruppe, wie etwa bei Homosexuellen oder Immigranten). Dies gilt natürlich nicht nur für HSP.

→ *Studie: Anspruchslose Beschäftigung erhöht Herzinfarktrisiko*
Eine Britische Studie des University College London belegt, dass anspruchslose Beschäftigungen das Risiko eines Herzinfarktes erhöhen. »Monotone, langweilige Arbeit kann das Risiko einen Herzinfarkt zu erleiden erhöhen, denn die anspruchslose Beschäftigung wird mit einer schnelleren und weniger veränderlichen Herzfrequenz in Verbindung gebracht. Dadurch können Herzerkrankungen ausgelöst werden.«[33]

Die britischen Forscher stellten bei einer Untersuchung von 2.000 männlichen Beamten fest, dass der einfache Dienst in einer sozial niedrigen, untergeordneten Position ohne Kontrolle über das tägliche Aufgabengebiet zu einer unveränderlichen Herzfrequenz führt. Die Veränderlichkeit der Herzfrequenz (HRV) gewährt die richtige Anpassung an aktuelle Anforderungen. So muss während des Sports das Herz beispielsweise schneller schlagen und mehr Sauerstoff in die Muskeln pumpen. »,Eine herabgesetzte HRV ist demnach ein Zeichen, dass das Herz weniger anpassungsfähig ist und erhöht das Risiko einen unregelmäßigen Herzschlag – eine Arhythmie – zu entwickeln, was in weiterer Folge in extremen Fällen zum plötzlichen Tod führen kann', erklärte Studienleiter Harry Hemingway. Bisherige Forschungsergebnisse belegen, dass unterbezahlte Jobs, die nur einen geringen Bildungsgrad erfordern, das Herzinfarktrisiko erhöhen. Auch Depressionen werden mit Herzerkrankungen in Verbindung gebracht. ,Durch eine Veränderung der Arbeitsbedingungen könnte möglichen Herzerkrankungen vorgebeugt werden', resümierte Hemingway.«

Die scheinbar einfachen, relativ stressfreien Jobs haben also ihre Tücken: Wer nach solch einem Job sucht, beachtet meist nicht, ob dieser Job zum eigenen Temperament passt. Tut er es nicht, ist dies für

---

33 N.n.: Wenn der Arbeitsplatz zur Todesfalle wird. In: Der Standard online, 11.6.2005 (http://derstandard.at/?id=2071660).

Hochsensible allerdings ein Garant für Stress. So vermeidet man zwar unter Umständen sensorischen Stress am Arbeitsplatz und sucht gezielt nach einem Job, in dem es keine überstimulierenden Lichtverhältnisse, Lärm und Gruppenarbeiten gibt, unterschätzt dabei aber den emotionalen Stress, der entsteht, wenn die innere Stimulation und das Gefühl, etwas Bedeutsames zu tun, völlig fehlen. Solche Arbeitsbedingungen können bei Hochsensiblen zu mehr Erschöpfung führen als ein anspruchsvollerer Job.

Unterfordern sich HSP mit langweiligen Jobs, bei denen eintönige Routineaufgaben dominieren, so können sie diese oft weit schlechter bewältigen als anspruchsvolle, komplexe Tätigkeiten, die ihnen liegen und die sie nicht unterfordern.

Wenn auch viele HSP eher dazu tendieren, sich zu überfordern, d. h. zu häufig in einen Zustand der Überstimulation zu geraten, so gibt es doch auch solche, die sich vor Überstimulation zu sehr schützen. Es ist natürlich gut zu wissen, wie man sich vor Stress bewahren kann und dieses Wissen auch effektiv einzusetzen, aber man kann sich auch dermaßen stark vor Überstimulation schützen, dass man ständig unterstimuliert ist. Anzeichen dafür können sein: Man ist gelangweilt, rastlos, isst, obwohl man nicht wirklich hungrig ist, trinkt, man trifft keine neuen Leute, fasst keine Pläne (man befürchtet, dies wäre zu aufregend), schläft mehr als nötig, tut Dinge aus Langeweile, versinkt in Tagträumen, ist neidisch auf andere oder wird im schlimmsten Fall sogar feindselig.

Wer sich einen Job sucht, für den er überqualifiziert ist, der steht oft vor härteren Herausforderungen, als er ahnt. Ebenso ergeht es vielen Hochsensiblen, die eine ruhige Arbeitsatmosphäre suchen, um sich von einem früheren, hektischen Job zu erholen, seien die anderen Bedingungen wie sie wollen. Hochsensible, die zu solchen Handlungsweisen tendieren, sollten daher an ihren persönlichen Grenzen und ihrem Selbstbewusstsein arbeiten, um nicht in Versuchung zu kommen, sich einen Job zu suchen, der sie auslaugen wird, – und zwar deswegen, weil sie dafür überqualifiziert sind.

Natürlich wird es auch, gerade in angespannten Arbeitsmarktsituationen, vorkommen, dass auch ein selbstbewusster Hochsensibler, der sich seiner Qualifikationen durchaus bewusst ist, einen Job annimmt, für den er überqualifiziert ist. Er weiß aber, was es bedeutet, sichtbar und präsent zu sein und versteht es, die eigene Meinung zu sagen und zu verteidigen. Er wählt nicht aus den falschen Gründen Arbeitsverhältnisse, die seinen Qualifikationen nicht entsprechen und wird seine Fähigkeiten zeigen um höherqualifizierte Aufgaben zugeteilt zu bekommen. Ist dies nicht möglich, wird er, wissend, dass er höher qualifiziert ist, das Arbeitsverhältnis lediglich als Übergangslösung betrachten und sich nach etwas umsehen, das ihm mehr entspricht.

Um die Weichen bereits vom Bewerbungsgespräch an richtig zu stellen, aber auch, um in einem bestehenden Arbeitsverhältnis, bei dem Verbesserungen möglich sind, Tätigkeitsbereiche anvertraut zu bekommen, die zu den eigenen Fähigkeiten passen, sind Selbstmarketingstrategien sehr hilfreich:

Dezentes Selbstmarketing für HSP, die dazu tendieren, ihr Licht unter den Scheffel zu stellen
- Den Vorgesetzten wissen lassen, an welchen Projekten und Themen man Interesse hat.
- Dem Vorgesetzten Erfolge zukommen lassen (»Ich habe das Problem von letztens gelöst und sende Ihnen morgen einen Bericht darüber.«)
- Komplimente mit einem Dank akzeptieren lernen. Das gibt dem anderen ein gutes Gefühl und lässt ihn zukünftig gerne wieder über etwas sprechen, das Sie geleistet haben.
- Nicht zu bescheiden sein (viele Hochsensible tendieren dazu). Wem gedankt wird und wer Komplimente für die geleistete Arbeit erhält, dessen Beitrag ist wertvoll!
- Nie die eigenen guten Eigenschaften, die der Firma täglich zugute kommen, vergessen; sich diese öfters selbst in Erinnerung rufen.
- Den eigenen Namen auf alles, was man schreibt oder produziert setzen. Das erspart einem offensives Selbstmarketing und stellt doch sicher, dass Ihre Leistung auch als die Ihre erkannt wird.

- Mehr als die Hälfte unserer Botschaften versenden wir nicht durch Worte, sondern durch unsere Körpersprache! Daher ist es wichtig, diese gut einzusetzen. Da diese Metakommunikation meist weniger Energie verbraucht als die Kommunikation durch Worte, ist es nicht nur hilfreich, sondern auch für das eigene Wohlbefinden klug, sie gezielt einsetzen zu können: Lächeln, Augenkontakt und eine offene Körperhaltung bewirken oft mehr, als man ahnt. Mittels offener Körperhaltung, d. h. keine verschränkten Arme und übereinandergeschlagenen Beine und indem man sich ein wenig in Richtung des Gesprächspartners vorlehnt, bekundet man Interesse. (Tipp: Ist zu häufiger Augenkontakt überstimulierend, kann man auch die Nase oder das Ohr des Gesprächspartners ansehen. Für das Gegenüber ist kein Unterschied bemerkbar.)

Steine am Weg zur Berufung

Fühle Dich nicht schuldig, wenn Du nicht weißt,
was Du mit Deinem Leben anfangen sollst.
Die interessantesten Menschen, die ich kenne,
hatten mit 22 keine Ahnung,
was sie mit ihrem Leben anfangen sollten.
Einige der interessantesten 40jährigen, die ich kenne,
wissen es immer noch nicht.
Mary Schmich

Viele Menschen, darunter auffallend viele Hochsensible, tun sich sehr schwer damit, herauszufinden, was sie beruflich erreichen wollen. Sie haben keine klar umrissenen, oft nicht einmal vage berufliche Ziele. Sie lassen sich vielleicht treiben wie ein Blatt im Wind oder versuchen sehr vieles mit großer Energie, aber nur für kurze Zeit.

Für eine Interviewreihe suchten wir per Internet Hochsensible, die sich selbst als »glücklich im Beruf« bezeichnen. Erfreulicherweise meldeten sich Dutzende Männer und Frauen. Und wir fanden bei all diesen hochinteressanten Interviews eine Gemeinsamkeit: Ausnahmslos jeder, der schon in jungen Jahren seinen Beruf gefunden hat, hatte in seiner Kindheit hochsensible Vorbilder (meist ein Elternteil), die sowohl mit ihrem Beruf als auch mit ihrer Sensibilität zufrieden waren. Diejenigen ohne Vorbilder fanden Ihren Traumberuf frühestens in den späten Dreißigern.

Wenn positive Vorbilder fehlen, heißt das auch, dass wahrscheinlich einige negative »Vorbilder« vorhanden sind: Oft ein hochsensibler Elternteil, der offensichtlich beruflich unglücklich oder vermeidend war. In diesem Fall ist eine Menge Arbeit am Selbst erforderlich, um die übernommenen, wenig erfolgreichen Strategien durch erfolgreichere zu ersetzen. Als ersten Schritt braucht es das Vertrauen, dass beruflicher Erfolg und Erfüllung für uns überhaupt erreichbar sind.

> Suchen Sie sich in Ihrem Umfeld positive Vorbilder! Halten Sie Ausschau nach hochsensiblen Menschen, die in ihrem Beruf Erfüllung finden. Stellen Sie diesen Menschen viele Fragen und verbringen Sie Zeit mit ihnen!

Eine Langzeitstudie der Harvard-Universität kam zu dem Ergebnis, dass 83 % der Studienabgänger ohne klare Zielsetzung für ihre Karriere durchschnittlich in etwa gleichviel verdienten. 14 % mit klarer, nicht schriftlich festgelegter Zielsetzung verdienten durchschnittlich dreimal soviel wie die erste Gruppe. Die 3 % mit klarem, schriftlich festgelegtem Karriereziel verdienten im Schnitt zehnmal soviel wie Gruppe eins.[34]

Wenn auch gerade unter Hochsensiblen »viel verdienen« kaum die oberste Priorität innerhalb der beruflichen Wunschvorstellungen einnehmen dürfte, so bestätigen die Ergebnisse der Studie dennoch die Bedeutung eines klaren beruflichen Ziels.

Doch dahin ist für viele HSP ein weiter Weg. Persönliche Heilung und Klärung wird für viele Hochsensible – zumindest in unseren Breiten – einen hohen Stellenwert einnehmen, oft ein Leben lang. Nicht nur aus individuellen Gründen (problematische Kindheit, fehlende Vorbilder usw.) oder aus gesellschaftlichen Gründen (geringe Wertschätzung unserer Sensibilität) sondern auch aufgrund unserer politischen Geschichte: Hier in Europa, deren Bevölkerung zahlreiche Kriege mitmachen musste, sind die Biografien unserer Vorfahren geprägt von Verlust, Todesangst, Lügen, Schuld, Vaterlosigkeit, und in der Folge von Verzicht (auch auf den Wunschberuf), Verdrängung, Materialismus und gestörten Beziehungen. Kriege haben Männer und Frauen in großer Zahl daran gehindert, Lebenskonzepte entwi-

---

34 Zit.n.: Seiwert, Lothar W.: Wenn du es eilig hast, gehe langsam.
    Campus Verlag, Frankfurt/Main 2005, S. 88.

ckeln und verfolgen zu können. Nach den Kriegen war nicht Aufarbeitung gefragt, sondern psychische Stabilität und Fleiß. So aber wurden die Traumen von Generation zu Generation still weitergegeben. Wie C. G. Jung formulierte: »Nichts hat psychologisch gesehen einen stärkeren Einfluss auf ihre Kinder als das ungelebte Leben der Eltern«. Wo der Daseinskampf die Suche nach dem Lebenssinn verdrängt hat, ist es für HSP eigentlich nicht möglich, »artgerecht« zu leben. Innere Freiheit und Orientierung können oft nur durch jahrelange persönliche Anstrengungen erreicht werden. Seien Sie milde mit sich, wenn Sie sich vielleicht wundern, warum es Ihnen schwer fällt, ein gut funktionierendes Mitglied der Gesellschaft zu werden. Schreiten Sie voran, wohin Ihr Herz Sie führt, aber vergessen Sie nicht, von wo Sie herkommen.

Traumen, erlebte wie ererbte, werden Hochsensible mehr beeinträchtigen als Nicht-Hochsensible. Denn sie nehmen besonders viele Details und Auswirkungen von Handlungen und Situationen wahr. Aber auch wenn die Kindheit schön und harmonisch gewesen sein sollte, war für HSP einiges schwierig. Weil man sich anders als die anderen Gleichaltrigen fühlte und weil Eltern und Lehrer oft nicht richtig mit uns umzugehen wussten. Als Jugendliche versuchen die meisten HSP, sich anzupassen, verleugnen viele Eigenheiten und entwickeln ihre Begabungen nicht oder nur im Verborgenen.

Dies alles führt dazu, dass viele Hochsensible etliche Berufe oder Ausbildungen durchprobieren müssen, um eine berufliche Tätigkeit zu finden, die zu ihnen passt und die ihnen gefällt.

Falls Sie dieses Verhalten an sich erkennen, halten Sie sich vor Augen, dass es durchaus verständlich und akzeptabel ist, Fehler und Umwege zu machen oder Dinge auszuprobieren und wieder zu verwerfen. Es ist unser Leben, und wir finden erst allmählich heraus, wie wir es uns einrichten wollen. Gut Ding braucht eben Weile.

Darüber hinaus leben wir in einer Kultur, die unsere Stärken nicht schätzt sondern sogar oft als Schwächen missversteht. Wo »Coolness« einen absurd hohen Wert erlangt, werden Nachdenklichkeit, Empfindsamkeit und Gewissenhaftigkeit zu Schwächen. Da braucht es schon einiges an Reife, um sich weder als HSP zu verleugnen, noch sich ins Abseits zu stellen.

> Viele Hochsensible sind also berufliche Spätentwickler, die Zeit brauchen, bis sie wissen, was sie wirklich tun möchten oder bis sie das, was sie tun möchten, auch tatsächlich in die Tat umsetzen können.

Zum Beispiel die hochsensible Sara. Sie beschreibt ihre Berufsfindung mit folgenden Worten: »*Ich wollte immer etwas Kreatives lernen, wurde aber wie so viele in einen kaufmännischen Beruf gedrängt. Nebenbei habe ich immer gejobbt und zwar in Bereichen, die vage kreativ waren. Daraus hat sich eine ganze Kette gebildet. Ich bin jetzt mit 37 da, wo ich mit 16 hinwollte.*«

Manchen Hochsensiblen, die kein Berufsziel finden, mangelt es an Selbstvertrauen. Dieser Mangel ist nachvollziehbar, da sich die meisten von ihnen als Kind fehlerhaft oder fremd vorkamen.

Der Zusammenhang zwischen Selbstvertrauen und Beruf ist jedoch auch umgekehrt gegeben. Keinen oder einen sehr gering geachteten Beruf auszuüben wird oft das Selbstbewusstsein sehr schwächen. Da ist es oft schon hilfreich, sich mit der eigenen Hochsensibilität, den eigenen Begabungen und der geringen Kompatibilität mit den heutigen gesellschaftlichen Werten zu beschäftigen. Denn der Beitrag der HSP ist sehr wichtig, gerade heute; es ist wichtig, das wir uns einbringen. Selbst wenn wir unseren Beruf erst erfinden müssen!

Wer nicht weiß, was er beruflich wirklich möchte, oder wer es nicht schafft, den beruflichen Weg oder Ausbildungsweg einzuschlagen von dem er ahnt, dass er der richtige sein könnte, kann sich folgende Fragen stellen:
• Was macht mich glücklich?
• Welche Taten, egal wie klein, empfinde ich als positiv?
• Was gibt mir das Gefühl, wertvoll zu sein?
• Welche meiner Fähigkeiten oder Charakteristika machen mich stolz bzw. gefallen mir an mir selbst?
• Wie bin ich, wenn ich die beste Variante von mir selbst zum Vorschein bringe? Wie handle ich dann?

Für berufsmäßig unentschlossene, zögernde oder ziellose Hochsensible kann es zudem hilfreich sein, sich über den Zusammenhang zwischen ihrer hohen Sensibilität, prägenden Erlebnissen in ihrer Kindheit und ihrer Schwierigkeit, einen passenden Berufsweg einzuschlagen, Gedanken zu machen:

- Konnten meine Eltern mit meiner hohen Sensibilität umgehen? Wie gingen sie damit um? Waren sie über meine Veranlagung glücklich, unglücklich, oder standen sie ihr neutral gegenüber?
- Wurde ich als Kind überbehütet?
- Wurde ich hin- und hergereicht oder vernachlässigt?
- Wurde ich gezwungen, Dinge zu tun, vor denen ich Angst hatte?
- War ein Elternteil, Geschwister oder andere Bezugspersonen sehr dominant?
- Bekam ich am ehesten dann Aufmerksamkeit, wenn ich gute Leistungen erbracht habe? Was hat dies in mir bewirkt?
- Was haben mir meine Eltern über ihre Berufe vermittelt? Waren sie in ihren Berufen glücklich?
- Wurde ich in der Schule Opfer von Sticheleien, Ausgrenzung und Mobbing?
- Musste ich Traumata erleiden?
- Fühlte ich mich früh für etwas schuldig oder verantwortlich? Wie gehe ich heute mit diesem Gefühl um?

Lassen Sie sich Zeit für die Beschäftigung mit diesen Fragen. Wenn Sie Ihre Vergangenheit im Lichte Ihrer Hochsensibilität noch einmal Revue passieren lassen, kann sich vieles ordnen und klären. Wenn sehr starke Emotionen mit den obigen Fragen verbunden sind, kann es sehr hilfreich sein, mit einem erfahrenen Coach oder Therapeuten zu sprechen.

Zur gegenwärtigen Berufssituation können Sie sich folgendes fragen:
- Finde ich zu dem, was ich beruflich wirklich tun möchte, keinen Zugang?
- Bremsen mich andere Menschen in meiner beruflichen Entwicklung?

- Ändere ich auffallend oft meine Meinung darüber, was ich beruflich tun möchte?
- Erwarte ich Außergewöhnliches von mir selbst, habe aber zugleich Angst, solch hohen Ansprüchen nicht genügen zu können?
- Macht mir der Übergang von der Ausbildung zum Einstieg ins Berufsleben Probleme?
- Haben ich keine Interessen, bin ich apathisch und finde ich jedes mögliche Berufsziel uninteressant?

Bei der Auseinandersetzung mit diesen Fragen können Ihnen die folgenden Abschnitte sehr hilfreich sein.

Ich finde keinen Zugang zu dem, was ich wirklich möchte

Selbstbestimmt und zielstrebig in der Berufswahl war ich lange Zeit überhaupt nicht. Ich hätte mit 18 oder auch mit 25 noch gar nicht sagen können, wo ich beruflich hinwollte. Mein Problem war immer der fehlende Überblick. So viele Kleinigkeiten strömten auf mich ein, und ich konnte sie einfach nicht ordnen. Ein vollkommen fahriges Stochern im Trüben. Wenn ich etwas Neues ausprobierte, wusste ich innerhalb kürzester Zeit, warum ich das nicht wollte.
Also ein Weiterkommen durch Negativ-Erlebnisse sozusagen.
Sara, 37 Jahre, Grafikerin

Es gibt verschiedene Gründe dafür, dass jemand keinen Zugang zu dem findet, was er wirklich beruflich machen möchte. Die zwei wichtigsten sind:
1. Man sieht so viele berufliche Möglichkeiten, und kann sich nicht für eine Richtung entscheiden, die man einschlagen möchte, oder
2. etwas im Inneren hält einen auf, herauszufinden, was man will.

In früheren Zeiten gab es das Problem der vielen Möglichkeiten nicht. Man trat in die beruflichen Fußstapfen der Eltern oder wählte aus einigen wenigen Berufen. Jetzt sind unsere Freiheiten größer, damit aber auch die Schwierigkeiten, eigene Ziele zu finden.

Viele HSP haben so viele Interessen, die noch dazu in den unterschiedlichsten Gebieten angesiedelt sind, dass es ihnen schwer fällt, einen Bereich auszuwählen. Jede Wahl ist auch eine Einschränkung. Aber durch die richtige Wahl wird unsere Energie gebündelt und Meisterschaft wird möglich. Viele HSP machen mehrere Ausbildungen, wenn ihr Elternhaus ihnen die wirtschaftlichen Möglichkeiten dazu bietet. Die Berufung finden HSP dann oft an den Schnittstellen dieser Interessensfelder. Da kann es schon vorkommen, dass eine HSP ihren Beruf erst erfinden muss.

Oft sind es leider nicht die zahlreichen Interessen, sondern innere Konflikte oder Zweifel, die jemanden die Berufung oder wenigstens einen angenehmen Job nicht finden lassen. Ein einfacher Tipp: Um herauszufinden, was man beruflich tun möchte, muss man etwas tun. Selbst Schritte in die falsche Richtung bringen Informationen. Wer nichts tut, tut dies oft aufgrund von Angst. Wenn man aber etwas tut, obwohl man Angst hat, wächst das Selbstvertrauen. Die Angst wird kleiner. Selbstbewusstsein kommt also nach dem Handeln.

Man muss so lange suchen, bis man etwas findet, das man wirklich gerne machen möchte. Ein wichtiger Grund, warum dies wichtig ist, lautet: Für Ziele, die es uns wert erscheinen, bringen wir viel größere Kräfte auf. Um diese Ziele zu finden, ist es zuerst nötig, zu verstehen, welche Emotionen die eigene Balance und die innere Stimme stören. Denn: Lösungen, die den Dingen nicht auf den Grund gehen, decken die Dinge nur zu.

Alle Emotionen haben ihren Grund. Sie sagen uns etwas über eine bestimmte Situation, die zu der jeweiligen Emotion geführt hat oder über unsere Psyche. Aus diesem Grund ist es sinnvoll, als ersten Schritt eine Bestandsaufnahme über die eigenen Emotionen bezüglich dem Thema »Beruf« zu machen. Die folgende Übung – in fünf Teilen – kann dafür hilfreich sein und weitere Denkanstöße liefern. Nehmen Sie sich einige Blatt Papier und ausreichend Zeit dafür.

1. Bestandsaufnahme – nach dem Motto: »Wünsche sind Vorboten von Fähigkeiten« (Goethe)
   - Listen Sie alles auf, was Sie wirklich gut können, liebend gerne tun oder worin Sie kompetent sind – vorerst ganz egal, ob es Ihnen beruflich verwertbar erscheint oder nicht.
   - Schreiben Sie auf, welche Themenbereiche generell Ihre Begeisterung und Ihr Interesse wecken.
   - Überlegen Sie, was Ihnen daran so viel Energie gibt.

2. »Wozu bin ich hier«? – Checkliste um spielerisch Visionen zu entwickeln:
   - Was sehe ich mich in meinen Träumen am liebsten tun?
   - Warum tue ich in meinen Träumen genau das?
   - Wenn alles, was ich tue, zum Erfolg führt, was würde ich dann am liebsten tun?
   - Wenn Zeit und Geld unwichtig sind, was würde ich dann am liebsten tun?
   - Welches sind meine Vorbilder?
   - Welche Eigenschaften, Begabungen etc. haben diese? Was zeichnet sie aus?

3. Mein persönliches Leitbild
   - Was möchte ich in meinem Leben erreicht haben, wenn ich alt bin?
   - Was ist mir wichtig, welche Werte habe ich?
   - Was sind meine Talente und Stärken?
   - Worauf möchte ich an meinem Lebensende zurückblicken?

4. Übung: Visualisieren Sie Ihre Zukunft
   - Welchen Beruf werde ich ausüben?
   - Wie wird meine familiäre Situation aussehen?
   - Welche neuen Erfahrungen werde ich dazugewinnen?
   - Was möchte ich in 5, was in 10 oder noch mehr Jahren erreicht haben?

– Welche Wünsche möchte ich mir bis dahin erfüllt haben? (Einkommen, Wohlstand, Erfahrungen, Erlebnisse, Anerkennung, Selbstverwirklichung, Familie, Hobbys etc.)

5. Die Umsetzung
   – Was muss ich tun, um mich ein Stück in Richtung dieser Ziele zu bewegen?
   – Welche Aktivitäten, tägliche Dinge etc. würden mich weiter in Richtung meiner Ziele bringen?

Wichtig ist also, sich zuerst zu fragen, was man generell besonders gerne macht. Danach kann man beginnen, erste, ganz kleine Schritte in die Richtung dessen, was man gerne tut, zu unternehmen. Man kann das persönliche Wachstum nicht unnatürlich schnell vorantreiben, und genauso wenig hat es Sinn, sich selbst zu drängen, die Arbeit zu finden, die man liebt. All dies braucht Zeit. Auch kleinste Schrittchen führen zum Ziel, wenn sie in die richtige Richtung gehen. Wichtig ist, den Weg zu beginnen. Einmal in Bewegung, führt ein Schritt zum nächsten.

Sehr günstig ist es, wenn Sie das persönliche Leitbild oder Lebenskonzept, das Sie erstellt haben, schriftlich fixieren, da dies Ihre Kräfte besser auf das Erreichen des Lebenszieles programmiert als wenn Sie nur daran denken. Das eigene Leitziel oder Lebensziel darf dabei ruhig visionären, ja missionarischen Charakter haben. Dazu Erich Fromm: »Wenn das Leben keine Vision hat, nach der man strebt, nach der man sich sehnt, die man verwirklichen möchte, dann gibt es auch kein Motiv, sich anzustrengen.« Wichtig ist jedoch, dass auf dem Weg zu diesem Lebensziel konkret Erreichbares steht, wie z. B. den Abschluss einer bestimmten Ausbildung, das Belegen eines Kurses, die Suche nach einem Praktikum etc.

In Notzeiten, etwa nach dem Zweiten Weltkrieg, gab es weniger Depressive und viel weniger Selbstmorde als heute. Der Grund dafür: Das Leben war beängstigend, aber der Überlebenskampf gab eine Richtung vor und schaffte Tatendrang. Alles, was man tat, war von Bedeutung. Indem Sie daran arbeiten, ein Leitbild für das eigene berufliche Leben zu finden und Etappenziele auf dem Weg zu diesem Ziel definieren, entsteht ein ebensolcher Tatendrang, der Ihnen hilft, das berufliche Ziel zu erreichen.

Die Angst vor Erfolg

> *»Du kannst vor dem davonlaufen, was hinter dir her ist,*
> *aber was in dir ist, das holt dich ein.«*
> Aus Afrika

Einige Hochsensible wissen durchaus, dass sie etwas können. Ihrer beruflichen Qualitäten und besonderen Qualifikationen sind sie sich bewusst. Wahrscheinlich bekommen sie es auch öfters von anderen bestätigt, dass sie etwas können. Dennoch ergreifen sie berufliche Chancen, die sich ihnen bieten, nicht, und lassen Gelegenheiten einfach an sich vorbeiziehen. Freunde und Bekannte wundern sich häufig über dieses Verhalten, bedeutet es doch, dass man sich selbst sabotiert.

Als Grund nennen Menschen, die wieder und wieder in Situationen der Selbstsabotage aufgrund nicht ergriffener Chancen geraten, häufig folgendes: Sie hätten Angst vor Misserfolg. Barbara Sher ist in ihrem Berufs-Ratgeber ‚I Could Do Anything If I Only Knew What It Was‘ der Ansicht, dass sich hinter dem, was man »Angst vor Misserfolg« nennt, in Wahrheit Angst vor Erfolg verbirgt, denn: Erfolg beinhaltet Gefahr. Mit dem Vermeiden von Erfolg vermeidet man Gefahr. Welche Gefahr aber lauert im Erfolg? Jeder, der Erfolg vermeidet, erwartet emotionalen Schmerz. Wie kommt es aber, dass manche Menschen auf die Idee kamen, Erfolg sei mit Schmerz verbunden und daher schlecht? Dies kann z. B. daher kommen, dass man es als Sohn nicht wagt, den Vater zu übertreffen, der zwar stolz wäre, sich aber auch degradiert fühlte. Oder Töchter, die es nicht wagen, glücklich zu werden, weil sie Mutters unerfülltes Leben spüren. Das eigene Schicksal wird somit an das der Eltern gebunden. Dies betrifft in besonderem Ausmaß stark empathische Menschen, unter denen ja viele hochsensibel sind.

Weitere Wege, das eigene Schicksal zu stark an das der Eltern zu knüpfen, sind:

1. Es gibt Eltern, die stolz sind auf ihr Kind, d. h. auf die Person des Kindes an sich. Erbringen die Kinder gute schulische und später als erfüllend empfundene berufliche Leistungen, freuen sich die Eltern mit ihren Kindern. Andere Eltern aber sind nicht stolz auf die Person des Kindes an sich, sondern auf das, was es leistet. Sie freuen sich nicht gemeinsam mit dem Kind über Erreichtes, sondern sind stolz auf das vom Kind Erreichte an sich. Der Unterschied zwischen beidem ist folgender: Hat man Eltern wie erstere, fühlt man sich wohl und geborgen, hat man Eltern, wie die im zweiten Beispiel beschriebenen, kann es sein, dass man sich als Kind wie eine Trophäe fühlt, die fortwährend etwas zu repräsentieren hat, um positive Gefühle bei den Eltern hervorzurufen. Das eigene Schicksal wird also auf fatale Weise an die Erwartungshaltung der Eltern geknüpft. Selbstbestimmte Berufsfindung und -gestaltung wird so extrem erschwert bis gänzlich verhindert.

2. Andere Eltern retten oder bewahren ihre Kinder vor allem und jedem. Die Kinder lernen also, dass das Leben aus Warten auf Rettung besteht. Auch als Erwachsene warten sie weiterhin auf eine Rettung, statt selbst ihr Leben in die Hand zu nehmen. Auch in dem Fall ist die selbstbestimmte Berufsfindung und -gestaltung behindert.

Auf welchem Weg auch immer man also den eigenen beruflichen Werdegang mit den Erwartungshaltungen, dem Schicksal oder (unausgesprochenen) Wünschen der Eltern verknüpft, man muss sich davon lösen, den eigenen beruflichen Weg an den anderer Menschen gebunden zu sehen.

Wer Probleme bei der Berufsfindung hat, weil er nicht autonom handelt und deshalb seine eigenen Interessen verleugnet, kommt oft an den Punkt, wo er meint, Angst vor der Zukunft zu haben. Doch häufig ist diese, wie aufgezeigt wurde, in Wahrheit Angst vor der Vergangenheit und davor, deren Verletzungen und Wut wieder zu wecken. Es gilt dann, die Vergangenheit aufzuarbeiten um danach Schritt für Schritt in Richtung einer autonomen Berufsfindung gehen zu können.

Ich ändere dauernd meine Meinung darüber, was ich beruflich will

Es gibt Menschen, die können sich nicht entscheiden, welche berufliche Richtung sie einschlagen wollen. Sie ändern ständig ihre Meinung über ihre beruflichen Ziele. Einmal eingeschlagene Wege verlassen sie bald wieder auf der Suche nach etwas Neuem.

Andauernde Meinungsänderung ist ein Abwehrmechanismus. Man flüchtet sich in neue Aktionen, statt Durststrecken auf dem Weg zu einem Berufsziel zu ertragen. Und man verschafft sich Hochgefühle durch das Starten immer neuer Projekte.

Wer ständig von einer Aktivität zur nächsten wandert und sich auf nichts wirklich einlässt, aber auch, wer zu müde oder lethargisch ist, um seine Aufmerksamkeit konzentriert und konstant auf das zu richten, was getan werden muss, ist vermeidend. Solche Menschen vermeiden es, Verantwortung zu übernehmen. Oft vermeiden sie es auch, ihren Lebenssinn zu finden.

Wer sich mit diesen Absätzen identifizieren kann, sollte sich fragen, warum er es vermeidet, Sinn im Leben zu finden und welche ungelösten Konflikte seiner Sprunghaftigkeit zugrunde liegen könnten. Schreiben Sie auf, was Ihnen dazu einfällt und überdenken Sie die Thematik immer wieder. Bewusste Aufmerksamkeit, die über einen längeren Zeitraum auf ein Thema gerichtet wird, bringt vieles in Bewegung. Vermeiden Sie das Thema nicht länger, sondern setzen Sie sich täglich für eine gewisse Zeit bewusst damit auseinander. Und vor allem: Haben sie sich lieb dabei!

Unterdrücken Sie Ihre Berufung?

Wenn Du der Welt sagen kannst, wer Du bist und woran Du glaubst,
ohne zu stolpern oder zu zögern, dann bist Du glücklich.

Neale Donald Walsch

Ein großer Teil von dem, wie ein junger Mensch über sich selbst denkt, resultiert aus dem, wie ihn seine Eltern und andere wichtige Bezugspersonen sahen und wie sie ihn behandelten. Haben unsere Eltern uns vertraut und wertgeschätzt, denken wir spontan »ich bin gut«, »ich nehme an, dass ich ein schönes Leben haben werde« oder »ich werde mir meine Träume verwirklichen können«. Haben sie unseren Fähigkeiten misstraut und unseren Wert nicht anerkannt, werden wir wahrscheinlich einen schwierigeren Start ins Leben haben.

Aber auch viele Menschen, die wertgeschätzt wurden, tun sich schwer, ihre Fähigkeiten beruflich einzusetzen, wenn die Umsetzung ihres Potentials der Programmierung im frühen Kindesalter widersprechen würde. Auch liebevolle und wohlmeinende Eltern haben oft den Willen des Kindes für falsch erklärt, nach dem Motto: »Wir wissen am besten, was gut für dich ist«. Vielleicht erklären sie dem Kind, dass man Karriere machen und einen bestimmten Status innerhalb der Gesellschaft erreichen muss um glücklich zu sein. Wer in Wahrheit etwas Einfacheres, Unkomplizierteres für das eigene Leben möchte, wagt es dann häufig nicht mehr, sein eigenes Ziel anzustreben.

Wer als Kind schon gelernt hat, schwierige Situationen zu meistern, kann dem Leben Paroli bieten. Wem aber nie Gelegenheit geboten wurde, zu testen, was er kann, dem fehlt die Information über die eigene Kraft und Kompetenz. Im Extremfall erlebt man sich dann als hilflos. Sowohl Hilflosigkeit[35] als auch Kompetenz werden erlernt.

Der bekannte Psychologe Eric Berne[36] ist der Ansicht, unser Leben erhält in der Kindheit sogenannte ‚Scripts‘. Beispiele für sol-

---

35 Vgl. dazu: Seligman, Martin E. P.: Erlernte Hilflosigkeit. Beltz Taschenbuch 19.
    Psychologie Verlags Union, Weinheim 1999.
36 Siehe dazu: Berne, Eric: Spiele der Erwachsenen. Psychologie der menschlichen Beziehungen. Rowohlt, Hamburg 2002.

che Scripts, oder Botschaften, die wir verinnerlichen, sind die soge-nannten »sei«-Scripts wie »sei brav«, »sei perfekt«, »sei ruhig« oder »sei vorsichtig« und die »nicht«-Scripts wie »erwarte nicht zu viel«, »gib nicht auf«, »vertraue nicht«, »streite nicht« oder »sei nicht ängst-lich«.

Die 33-jährige hochsensible Susanne erhielt als Kind von ihrer do-minanten Mutter die Botschaften »pass dich an«, »triff die richtigen Leute« und »schau, dass aus dir etwas wird«. Die dabei mitschwin-genden Worte waren: »Aus dir selbst heraus bist du nichts« und »du musst sozial akzeptiert werden, um etwas werden zu können.« Da-durch geprägt studierte Susanne Betriebswirtschaft, obwohl sie schon als Kind großes Interesse für bildende und darstellende Kunst gehabt hatte. Später übte sie Berufe aus, die ihr allesamt nicht zusag-ten, nur um »etwas zu werden«. Ihre Mutter war zufrieden. Susan-ne aber merkte immer deutlicher, dass sie das Leben führte, das ihre Mutter für sie bestimmt hatte. Als ihre Unzufriedenheit mehr und mehr wuchs, wurde ihr klar, dass sie sich von den Botschaften ihrer Mutter befreien musste. Sie lernte zu erkennen, wer sie ist und was sie eigentlich will. Heute ist sie Malerin und Töpferin – und glücklich.

Susannes Geschichte zeigt, dass man selbst die Verantwortung für den eigenen Weg übernehmen muss, selbst dann wenn die Men-schen, die einen beeinflussen oder manipulieren, uns liebevoll zu-getan sind. Wer nur auf das hört, was Eltern, Freunde oder Medien ihm suggerieren, sperrt sich aus dem eigenen Haus aus. Man muss das eigene Selbst erkennen und würdigen um individuell agieren zu können.

Beispiele für Einflüsse unserer frühesten Bezugspersonen, die zur Entwicklung unseres reifen Willens beitragen, sind:
• Sind sie fair oder ungerecht zu uns?
• Hören sie uns zu?
• Wie verhalten sie sich, wenn wir etwas erbitten?
• Helfen sie uns, Probleme zu lösen, oder lösen sie diese für uns?
• Stoßen sie uns zurück?

- Sind sie verlässlich?
- Reden sie ruhig und erklärend mit uns, oder so, als hielten sie uns für dumm?
- Zeigen sie uns gegenüber Respekt?

Diesen Einflüssen entwächst das Selbst-Konzept unserer Jugend, sowie unser Konzept von der Welt und von anderen Menschen, das Maß unserer Selbst-Akzeptanz und der Sinn dafür, was der richtige Platz in der Welt für uns ist.

Wer sich als Kind wertvoll und erwünscht fühlte, kann seine Meinungen und Bedürfnisse ausdrücken. Er erwartet, nicht zurückgewiesen zu werden, wenn er um etwas für ihn Wichtiges bittet. Selbstbewusstsein bedeutet, zu wissen wer wir sind. Niedriges Selbstbewusstsein hält uns oft davon ab zu tun, was richtig und wahr für uns wäre. Im Extremfall verbirgt sich das, was wir wirklich wollen, sogar vor uns selbst. Wir streben dann danach, die Wünsche und Erwartungen anderer zu erfüllen.

Wir sind nicht dazu da, um die ungelebten Träume eines frustrierten Elternteils wahr zu machen oder um eine andere Person vor deren eigener Wahrheit zu schützen. Wir sind hier, um zu wachsen und uns zu entwickeln, und das eigene Wesen zu entfalten und in die Welt einzubringen.

Checkliste

- Haben Sie aus Vernunftgründen einen Beruf gewählt, der Ihren Interessen nicht entspricht?
- Gibt es Arbeits-Gewohnheiten oder berufliche Interessen, die Sie absichtlich unterdrücken, um mehr wie die anderen zu sein?
- Gibt es Charaktereigenschaften oder persönliche Eigenheiten, die Sie für falsch halten, die Sie ändern oder verstecken möchten?
- Haben Sie aufgehört, etwas Bestimmtes erreichen zu wollen, weil andere Ihnen sagten, diese Ziele wären nicht wichtig genug, um soviel Aufmerksamkeit zu verdienen?
- Gibt es etwas, ein Hobby oder spezielles Interesse, das Ihnen Kraft gibt, sich von der ermüdenden Arbeit zu erholen, von dem Sie aber das Gefühl haben, Sie sollten es sich nicht so oft gönnen?

Jeder, der seine Arbeit als Ausdruck seines Selbst wählt, wird daran wachsen.

Erfolgreiche Menschen haben Ziele, die Bedeutung für sie haben. Wer hingegen seine Arbeit als »nur einen Job« betrachtet, den er unter Opferung der eigenen Berufung anderen zuliebe gewählt hat, wird weniger erreichen. Er empfindet die Arbeit nicht als Bereicherung. Chancen übersieht er, da seine Aufmerksamkeit in Wahrheit nicht seiner Arbeit gilt. Denn die Arbeit raubt ihm Energie und Zufriedenheit, die er woanders holen muss.

Besonders bei Menschen, die unter dem Einfluss einer sehr dominanten Bezugsperson standen, und ganz besonders bei all jenen, die scheue Kinder waren, kann es lange dauern, bis sie festlegen können, was richtig für sie ist. Doch jeder kann kleine Schritte in die richtige Richtung unternehmen. Kleine Schritte führen zu größeren Schritten. Eine Möglichkeit anzufangen ist, erst einmal aufzuschreiben, was man besonders gerne tut. Dies leitet oft den Weg zu den ersten kleinen Schritten.

Große Selbstkritik erhöht die Wahrscheinlichkeit, dass man glaubt, man müsse ein Leben führen, in dem es keine Blamagen gibt. Ein stimmiges Leben gelingt, indem man lernt, sich selbst anzunehmen! Lernen Sie die Stimme Ihres eigenen Gewissens kennen und verwechseln Sie diese nicht mit fremden Indoktrinierungen.

Ängste und angelernte, falsche Verhaltensweisen kann man nicht auf einen Schlag loswerden, sondern langsam, Schritt für Schritt.

Wer lernt, sich so zu lieben, wie er ist, der erhält die Stärke und das Vertrauen darin, seinen eigenen Weg zu gehen. Gerade durch Selbstliebe erhält man die Kraft, um das an sich zu ändern, womit man sich selbst im Wege steht. Auf dem eigenen Weg gibt es viele Lektionen zu lernen, es gilt vielleicht neue Menschen zu treffen, neue Fertigkeiten auszubauen und neue Situationen zu erleben. All dies kann in kleinen Schritten ganz behutsam gewagt werden, denn: Aufgezwungene, übereilte oder vorprogrammierte Formeln für die eigene Entwicklung sind unnatürlich und berücksichtigen die individuellen Eigenarten nicht. Auch Pflanzen wachsen so schnell oder langsam, wie sie wollen.

Bloß nicht gewöhnlich sein!

Manche Menschen werden durch ihren Wunsch, außergewöhnlich zu sein, daran gehindert, zu ihrer wahren Berufung zu finden. Warum ist das so?

Hinter dem Wunsch, außergewöhnlich zu sein, steckt meist einer der folgenden Gründe:

1. möglicher Grund: Extrem hohe Erwartungen

Gerade HSP mit hohen Erwartungen haben oft das Gefühl, wenig Fortschritte zu machen. Viele denken, sie passen nicht in diese Welt und fühlen sich, als kämen sie von einem anderen Planeten. Sie wundern sich, dass andere mit weniger zufrieden sind, streben immer nach absoluter Perfektion und werden oft frustriert, da Perfektion selten erreicht wird.

2. Abneigung gegen alles Gewöhnliche

Wer lebt, als befände er sich in einem ständigen »Kampf gegen das Gewöhnliche«, kann seine Ziele, im Gegensatz zu den meisten anderen in Kapitel 4 beschriebenen »Typen«, sofort benennen. Will man z. B. Koch sein, dann der originellste Koch der Welt. Denn nichts ist gut genug, wenn es nicht völlig außergewöhnlich ist.

Solche Menschen haben große Träume und geben sich mit nichts zufrieden, das nicht genial ist. Mit der Zeit werden solche Menschen oft in die Defensive gedrängt und werden kritisch und zynisch. Menschen mit besonders hohen Zielen durchleben also häufig auch größere Desaster. Solche Menschen sind oft charismatisch; sie kümmern sich wenig um Details, was schade ist, da sie oft außergewöhnlich talentiert sind; und sie arbeiten hart. Wichtig ist für diese Menschen zu erkennen, dass wahrhaft herausragende Menschen keinen »Kampf gegen das Gewöhnliche« betreiben. Sie gehen einfach ihren Weg. Wenn sie unterwegs einmal einen »minderwertigen« Job annehmen müssen, tun sie es. Wer aber einen »Kampf gegen das Gewöhnliche« betreibt, empfindet es als erniedrigend, so etwas tun zu müssen. Aber nicht alle Genies denken so über Alltagsarbeit. Einstein arbeitete im

Patentamt, ohne sich darüber zu beklagen. Wenn man einen »Kampf gegen das Gewöhnliche« betreibt, nimmt man sich Chancen, die eigenen Ziele zu erreichen, da man die Schritte, die nötig sind, um in diese Richtung zu gelangen, gar nicht erst geht.

3. möglicher Grund: Geringes Selbstbewusstsein

Oft glauben gerade Menschen mit geringem Selbstbewusstsein, sie müssten immer außergewöhnlich exzellent sein und tun deshalb sicherheitshalber gar nichts. Wer Bedeutung nur in Extremem sieht, nur darin, außergewöhnlich erfolgreich zu sein, hat ein verletztes Selbstkonzept. Solche Menschen beginnen Projekte oft mit der Erwartung, enorm erfolgreich zu werden. Stellen sich Widerstände ein, fühlen sie sich als Versager. Oder sie beginnen gar nicht erst, sondern schwelgen in Tagträumen von großen Taten, die sie eines Tages erbringen würden.

Andere Hochsensible mit geringem Selbstbewusstsein warten unter Umständen auf »Errettung« durch andere Menschen. Man will damit eine alte Rechnung begleichen, eine alte Ungerechtigkeit ausbügeln. Wenn unsere Phantasien einen Retter beinhalten, wobei diese Rettung nur wenigen ganz besonderen Menschen zuteil wird oder wenn man in der Phantasie »entdeckt« wird und das Leben ohne dieses Happy End traurig ist, dann fällt man in diese Kategorie von Menschen, deren Leben Gefahr läuft, auf ein Desaster zuzusteuern, da sie in ihrer Passivität wirklich außerordentliches Glück brauchen, damit ihre Träume wahr werden.

Wenn man beispielsweise als Kind zurückgewiesen, verlassen, schlecht behandelt oder vernachlässigt wurde, hat man oft das Gefühl, dass diese Ungerechtigkeit wieder gut gemacht werden muss. Man verlangt dann möglicherweise Reparaturzahlungen in der Form, dass einem das Gute gegeben werden soll und nicht, dass man es sich etwa verdienen müsse. Man erwartet, entdeckt zu werden, denn das wäre nur fair. Solche Menschen gehen durch das Leben in der Ansicht, die Welt sei ihnen etwas Besonderes schuldig.

Dieses Drama kann nur durchbrochen werden, indem man lernt, die Energie auf das zu lenken, was man selbst jetzt möchte statt darauf, was das verletzte Kind will. Es ist schön, selbst aktiv zu werden. Ist das alte Drama einmal erkannt und die dazu gehörigen Gefühle richtig eingeordnet, werden sie ihre Macht über das aktuelle Leben verlieren.

Wichtig ist also, dem Narzissmus gegenzusteuern, der für sich nur außergewöhnlich exzellente Leistungen gelten lässt. Denn wer dermaßen stark auf sich selbst und die Höchstleistungen, die er vermeintlich zu erbringen hat, konzentriert ist, kann sich kein stabiles Leben aufbauen.

Eine gute Übung dafür ist, anderen Gutes zu tun, denn: Selbstbezogenheit erzeugt Scham und lässt den Selbstrespekt schwinden. Wenn aber das eigene Lebensmotto von »mir wurde großes Unrecht getan« in »ich habe jemandem wirklich geholfen« geändert wird, steigt das Selbstbewusstsein. Wir können dann mit ungünstigen Arbeitsbedingungen besser umgehen. Dadurch erhält man 1. die Chance, Übergangsjobs, die einen weiter in die Richtung des eigentlich gewünschten Berufes bringen, anzunehmen und sie als Schritt in die richtige Richtung einzuordnen und 2. das Selbstbewusstsein, solche Jobs auch wieder zu beenden, wenn die Zeit dafür reif ist.

Probleme beim Übergang von der Ausbildung ins Arbeitsleben

Mein Tipp: Die Suche zum Spiel machen. Gibt es einen Bereich, der einen interessiert, womöglich fasziniert, dann sollte man nicht sofort die mögliche Karriere im Sinn haben, sondern versuchen, von verschiedenen Seiten heranzukommen. Als Nebenjob, im Ehrenamt, in der Freizeit. Vielleicht für zwei Stunden die Woche, um das Lager aufzuräumen – wer weiß, was sich alles für Möglichkeiten ergeben, wenn man einen Kontakt geknüpft hat und dann seine Fähigkeiten vorsichtig vorbringen kann.

Sara, 37 Jahre, Grafikerin

Hochsensible Menschen brauchen oft wesentlich länger als die weniger Sensiblen, um innerlich erwachsen zu werden. Vor dem 25. Lebensjahr ist kaum ein Hochsensibler »erwachsen« zu nennen. Der Vorteil dieser verzögerten Reife ist lebenslange Neugier und die Fähigkeit zu lebenslangem Lernen. Wegen dieser Spätentwicklung fühlen sich HSP oft nicht fähig, gleich nach einer Ausbildung in einen Beruf einzusteigen.

Man sagt, Schule bereitet auf das Leben vor, aber mit dem Eintritt in das Berufsleben betritt man eine völlig neue Welt. Warum sollte dieser Übergang völlig einfach und problemlos sein? Es ist also nicht verwunderlich, dass der Übergang von der Ausbildung ins Berufsleben schwierig ist und man in dieser Phase desorientiert ist. Schule und Ausbildungen lehren uns, Mitschriften anzufertigen, Aufsätze zu schreiben, Vorgegebenes auswendig zu lernen. Der Eintritt in die Arbeitswelt ist danach wie ein Kulturschock, da es nun völlig andere Anforderungen zu erfüllen gilt.

Wird man schließlich in einer Firma eingestellt, kann es sogar dazu kommen, dass man sich fühlt, als wäre man von nun an für immer gefangen in einem Job, der einem womöglich gar nicht zusagt. Diese Panik ist unbegründet, denn man muss nicht und wird wohl auch kaum auf Anhieb eine Stelle finden, die einem wirklich auf lange Zeit zusagt, und man ist frei, jederzeit wieder zu gehen. Mit dem Unterschreiben eines Vertrages verkauft man die Dienste, die man leistet, – und nicht sich selbst!

In der Theorie wissen Hochsensible dies natürlich genauso wie alle anderen. Oft ist es aber ein weiter Weg vom theoretischen Wissen bis hin zu dessen Umsetzung. So kommt es, dass sich hochsensible Menschen oft wider besseren Wissens des Gefühls nicht erwehren können, sie würden ihre Seele oder sich selbst verkaufen, wenn sie in einer Firma zu arbeiten beginnen, bei der sie sich nicht sicher sind, ob sie wirklich längerfristig die richtige für sie sein wird. An dieser unangenehmen Diskrepanz zwischen theoretischem Wissen und mangelhafter Umsetzung gilt es zu arbeiten. Man kann seiner Zukunft leichter vertrauen, wenn man auf sich selbst vertraut. Das heißt: Man muss bereit sein, wenn etwas nicht richtig für einen ist, die Konsequenzen zu ziehen und gegebenenfalls eine Arbeitsstelle von sich aus kündigen.

In der Übergangszeit vom Ausbildungs- zum Berufsleben ist es oft hilfreich, Freunde zu bitten, einen von Bewerbungsgesprächen abzuholen um mit ihnen danach, vielleicht entspannt in einem Café, reden und das Vorstellungsgespräch Revue passieren lassen zu können.

Chronische Negativität und Interesselosigkeit

Menschen mit chronischer Interesselosigkeit können sich keinen Bereich vorstellen, in dem sie arbeiten möchten. Zu jedem Berufszweig fallen ihnen viele Gründe ein, ihn abzulehnen. Woher aber kommt diese extreme Negativität? Menschen, die sich für gar nichts interessieren, können nicht aufhören, permanent ihren Enthusiasmus zu stoppen. Positive Gefühle in Richtung einer potentiellen beruflichen Tätigkeit ersticken sie im Keim. Was veranlasst sie dazu, das zu tun?

Mögliche Gründe für chronische Negativität

- Man erntete ständige Kritik von nahen Bezugspersonen (meist Mutter oder Vater) als man noch ein Kind war.
- Man beobachtete als Kind häufige Kritik z. B. der Mutter an einem Geschwister mit der Folge, dass man beschließt: »Das wird mir nicht passieren«.
- Man wird als Kind dauernd von den Eltern unterbrochen, kann nie alleine spielen, alleine Neues erkunden und Interessen entwickeln. Die eigenen Wünsche können sich so nicht richtig herausbilden.
- Die Eltern schürten häufig große Vorfreude auf viele schöne Dinge, die man als Kind mit ihnen unternehmen, von ihnen bekommen o.ä. würde. Die Versprechen wurden dann aber nie eingelöst. Später übernimmt man dieses Muster, was dazu führt, dass man sich die eigenen Träume nicht erfüllen kann.
- Es kann aber auch sein, dass man zuviel möchte, dass man sich mit nichts zufrieden geben will, außer dem absolut Perfekten.

Frühe traumatische Bedingungen und Erlebnisse können sich so eingravieren, dass jemandem die Energie, die er normalerweise hätte, um eine erfolgreiche Berufslaufbahn einzuschlagen, fehlt. Frühe Traumata können HSP eher depressiv, ängstlich und chronisch negativ werden lassen. Um dies zu überwinden, ist unter Umständen eine Therapie sinnvoll.

Chronisch negative Menschen scheinen mehr vom Leben zu erwarten als »normale« Menschen. Man könnte meinen, jemand der chronisch negativ ist, müsste schon zufrieden sein, wenn alles halbwegs in Ordnung ist oder wenn er einen Beruf findet, der einigermaßen akzeptabel ist. So ist es aber nicht. Gerade chronisch Negative wollen, dass alles genial, brillant und perfekt ist. Weil sie wissen, dass dies kaum je erreicht werden kann, bemühen sie sich erst gar nicht darum, etwas zu erreichen, denn an jedem Ziel sehen sie nur das Unperfekte, Negative, nicht Geniale.

Negativität macht die kleinste Entscheidung zur Qual. Apathie und Langeweile maskieren Zorn, Ärger und häufig auch depressive Verstimmungen, die nicht zum Vorschein kommen können; sie maskieren Emotionen, die als Antwort auf ungeeignete Umgebungen und verletzte Grenzen entstehen. Apathie und Langeweile halten unseren Zorn und unsere Energie zurück, wenn wir in einer Position sind, an der wir nichts ändern können. Oder wenn wir als Kinder in einer solchen Position waren.

Langeweile lenkt die Energie um, z. B. in Sarkasmus. Durchbricht man diese Mauer aus Schutzmechanismen, kommt oft enormer Ärger zutage über den Zustand der Welt und darüber, wie die Menschen einander behandeln. Die angestaute und nun durch den Ärger frei gewordene Energie kann man positiv nutzen, indem man mit ihrer Hilfe die eigenen Grenzen definiert und wiederherstellt und wieder am Leben teilnimmt. Man kann die Energie endlich nutzen, um berufliche Interessensgebiete zu entwickeln und zu verfolgen.[37]

Erste Schritte

Egal, welche Gründe hinter der Schwierigkeit der Berufsfindung liegen, wichtig ist, mit kleinen Schritten zu beginnen, um etwas in Gang zu bringen, das zu positiver Veränderung führen kann.

---

37 Siehe dazu auch: McLaren, Karla: Emotional Genius. Discovering the Deepest Language of the Soul. Laughing Tree Press, Columbia 2001, S. 180.

Fassen Sie ein erstes kleines Ziel ins Auge. Sei es, Informationen über eine bestimmte Ausbildung einzuholen, sei es, jemanden zu befragen, der beruflich etwas macht, das Sie selbst interessieren könnte oder ähnliches. Beschreiben Sie Ihr Ziel möglichst genau, damit es in Ihrem Inneren klare Konturen bekommt. Überlegen Sie, wie es für Sie sein wird, das Ziel zu erreichen, wie Sie sich dabei fühlen werden. Bedenken Sie, was Sie brauchen werden, um es zu erreichen. Bedenken Sie auch, ob es jemanden gibt, der dagegen ist, dass Sie Ihr Ziel erreichen, der Ihnen Ihr Ziel vielleicht ausreden oder schlecht machen könnte. Überlegen Sie, warum diese Person so reagiert und fragen Sie sich, ob es sinnvoll ist, auf die Bedenken zu hören (was sein kann), oder ob diese Sie nur unnötig bremsen (was ebenfalls häufig der Fall ist).

Je mutiger und konsequenter Sie selbst bei allerkleinsten Entscheidungen sind, desto mehr Selbstrespekt erlangen Sie. Zur Übung können Sie erst ganz kleine, unbedeutende Entscheidungen für sich selbst treffen. Das eigene Selbstvertrauen wird dadurch steigen. Dann können Sie sich an immer größere Entscheidungen wagen. Ein positiver Kreislauf wird so in Gang gesetzt.

Schließlich können Sie sich daran machen, den Bereich zu finden, an dem sich Ihre größte Begabung mit Ihren größten Wünschen und Bedürfnissen kreuzt. Entwickeln Sie Visionen und schreiben Sie diese auf. Schreiben Sie nicht im Konjunktiv sondern im Imperativ, damit auch Ihr Unterbewusstsein angesprochen wird.

Hilfreich kann auch sein, ein Erfolgstagebuch zu führen, in dem man sich Fragen stellt wie: Hat mich diese Woche meinen Zielen nähergebracht? Konzentriere ich mich auf das wirklich Wichtige? Setze ich klare Prioritäten? Ziel des Erfolgstagebuches soll sein, dabei mitzuhelfen, nach und nach von einem bloßen Terminkalender zu einem beruflichen Etappenziel zu gelangen. Danach können Sie ein Jahresziel anstreben, und schließlich, wenn die Richtung, in die Sie sich beruflich bewegen wollen, immer klarer wird, können Sie ein allgemeines berufliches Lebensziel formulieren. Das Erfolgstagebuch kann Ihnen bei der Kontrolle helfen, ob die Tagesaktivitäten mit dem Etappenziel, dem Jahresziel und Lebensziel oder Leitbild zu tun haben und in Verbindung stehen. Wichtig ist, auf dem Weg zur eigenen Berufsfindung auch kleine Schritte anzuerkennen und sich dafür zu loben. Auch Humor hat da seinen Platz.

Das Leben ist zu kostbar, um einer Route zu folgen, die nicht die unsere ist. Aber bevor wir neue Wege einschlagen, brauchen wir eine Vision, die uns sagt, wohin uns unsere Wege führen sollen. Denn: Was in uns ist – und nur das -, ist der Schlüssel, mit dem wir die für uns richtige Arbeit finden. Antoine de Saint-Exupéry hat dies in »Die Stadt in der Wüste« mit sehr schönen Worten ausgedrückt: *»Denn Treue ist vor allem Treue zu sich selbst.« »Denn ein Schiff erschaffen heißt nicht die Segel hissen, die Nägel schmieden, die Sterne lesen, sondern die Freude am Meer wachrufen.«*

Sensibilität als Ressource

»Durch eine entsprechende Umgebung – bei mir war das der Eintritt in einen kreativen Beruf – fängt man an, zu erkennen, was für eine Goldmine man besitzt und geht anders damit um. Das, was vorher verrückt war, ist jetzt künstlerisch und wird – zumindest teilweise – anerkannt. Und es ist wirklich eine Riesen-Erleichterung, zu wissen, dass das, was man hat, keine psychische Störung ist, sondern eine Bereicherung.«

Sara, 37-jährige HSP

Als Hochsensibler kann man viel Schaden in sich selbst anrichten, wenn man sich als schwach im Vergleich zu den nicht hochsensiblen »Kriegern« betrachtet. Die Stärken der Hochsensiblen liegen jedoch lediglich in anderen Bereichen und oft sind sie ganz besonders bedeutsam.

So ist es eine Gabe, feinste Subtilitäten wahrzunehmen und, mit guter Intuition ausgestattet, mögliche Auswirkungen von Handlungen bereits früh erahnen zu können. Dass man, wenn man feinste Nuancen registriert, vom weniger Subtilen schneller überwältigt wird, ist eine logische Konsequenz.

Gedanklich bei den Nachteilen, die eine hohe Sensibilität in bestimmten Situationen unbestritten mit sich bringt, verhaftet zu bleiben, ist zwar verständlich, aber kontraproduktiv. Denn als Hochsensibler wird man immer hochsensibel bleiben. Man kann Hochsensibilität weder abtrainieren, noch wird man glücklich werden, wenn man sie so weit wie möglich ignoriert. Es ist daher nur vernünftig, sich auf das große Potential zu besinnen, das Sie als hochsensibler Mensch in sich tragen.

Die folgenden Kapitel handeln von den Potentialen hochsensibler Menschen. Sie handeln davon, warum es gut und wichtig ist, dass Menschen verschieden sind. Wir wollen wegkommen von der Frage: Was ist »richtig«? Ist es besser, sensibel zu sein, oder ist es besser robust und cool zu sein? Für das Funktionieren von Gruppen, auch Arbeitsgruppen, ist beides wichtig. Ferner werden wertvolle charakteristische Eigenschaften von HSP erörtert. Danach finden Sie Tipps zu den Themen »die eigene Balance finden«, »Grenzen setzen und akzeptieren« und »Wann hat es Sinn, professionelle Hilfe in Anspruch zu nehmen?«

Schließlich erfahren Sie besonders geeignete Berufsgruppen für HSP sowie Gedanken zum Für und Wider der Selbstständigkeit und zum Thema »Berufung«.

Diversity Management

Seit Ende der 1990er Jahre wird ‚Diversity Management' immer mehr zum Qualitätsmerkmal und wird bei öffentlichen Ausschreibungen vorausgesetzt. Was bedeutet dieser Begriff?

»Diversity« bedeutet »Unterschiedlichkeit«. Im Kontext des Arbeitslebens wird daraus die Unterschiedlichkeit der Mitarbeiter eines Unternehmens: Sie haben unterschiedliches Alter, unterschiedliches Geschlecht, verschiedene Rassen und Religionen, sie sind unterschiedlicher Herkunft und haben unterschiedliche sexuelle Orientierung.

Diversity Management ist ein Managementansatz zur gezielten Berücksichtigung und bewussten Nutzung und Förderung dieser Unterschiede und damit der Vielfalt von Mitarbeitern.

Diversity Management liefert nicht nur Ansätze zur Bewältigung solcher Unterschiede, sondern lässt die Unterschiede in den Unternehmenserfolg steigernde Faktoren einfließen. Dies geschieht, indem Bedingungen im Unternehmen geschaffen werden, unter denen alle Beschäftigten ihre Leistungsbereitschaft und -fähigkeit uneingeschränkt entwickeln, entfalten und im Arbeitsprozess einsetzen können.

Diversity Management sieht also gerade in der Vielfalt von Lebens- und Berufserfahrungen, Sichtweisen und Werten Kapital für den Arbeitsbereich. Daher werden Unterschiede gezielt wahrgenommen, in ihrer Vielfalt anerkannt, aufrichtig wertgeschätzt und im positiven Sinne mit ihren Synergieeffekten bewusst genutzt. Dies gilt insbesondere für folgende Unterschiede zwischen Menschen: Alter, Geschlecht, Rasse, ethnische Herkunft, körperliche Behinderung, sexuelle Orientierung, Religion, Einkommen, beruflicher Werdegang, Familienstand, Elternschaft und Ausbildung. Managing Diversity ist also der verantwortungsvolle Umgang mit diesen vielen Unterschiedlichkeiten.

Soweit die Theorie.

Für Hochsensible bedeutet dieser Ansatz eine große Chance auf Anerkennung ihrer speziellen Qualitäten, denn: In dem Bewusstsein, dass jeder Mensch einzigartig ist, werden die individuellen Fähigkeiten von Mitarbeitern gefördert und deren persönliche Eigenschaften und Besonderheiten als wichtige Werte für das Unternehmen geschätzt.

Seinen Ursprung hat das Konzept in den USA, wo Diversity Management seit Mitte der 80er-Jahre praktiziert wird und mittlerweile als personalpolitisches Muss gilt. Entstanden ist es vor dem Hintergrund einer Antidiskriminierungsgesetzgebung, die einigen Unternehmen millionenschwere Klagen brachte. Dazu zählt beispielsweise Coca Cola, das heute zu den fortschrittlichsten Diversity-Unternehmen der USA gehört.

Natürlich wird ‚Managing Diversity‘ nicht aus selbstloser Nächstenliebe umgesetzt. Indem Unterschiede gezielt zur Steigerung des Unternehmenserfolges genutzt werden, soll der Profit wachsen. In der Vielfältigkeit der Beschäftigten wird ein wichtiger Wettbewerbsvorteil gesehen. Sie verspricht Kreativität und Flexibilität, beides unerlässlich für Unternehmen, die im globalisierten Wettbewerb bestehen wollen. Auch die Motivation und die Zufriedenheit der Angestellten sollen durch Diversity Management gesteigert werden, mit dem Ziel, eine höhere Arbeitsproduktivität zu erreichen. Außerdem erhofft man sich von einer vielfältigen Belegschaft, dass diese besser auf die Bedürfnisse und Wünsche einer heterogenen Kundschaft eingehen kann.

Ist ‚Managing Diversity‘ lediglich eine Modewelle? Natürlich ist es momentan ein Modethema. »Wenn das in ist, dann macht man das«, so Professorin Gertraude Krell vom Institut für Management, Arbeitsbereich Personalpolitik, an der FU Berlin. Doch die Chance liege darin, »dass sich Menschen davon stärker angesprochen fühlen als von traditionellen Chancengleichheitsprojekten und man damit alle Gruppen der Belegschaft erreicht.«[38] Diversity Management ist also zurzeit in aller Munde, zugleich aber ist es weit mehr als nur eine unbedeutende Modewelle, sonst würden sich nicht Unternehmen wie DaimlerChrysler, Lufthansa, Siemens, Ford oder die Deutsche Bank gegenseitig hinsichtlich des am besten praktizierten Diversity Managements messen.

Dabei kommt es aber, so Krell, wesentlich darauf an, »ob und wie die Vielfalt gemanagt wird«. Offenheit und Toleranz, dafür kämpfte man schließlich auch schon in den 70er-Jahren. Nur damals ließ sich das noch nicht ökonomisch verkaufen. Heute stecken Firmen freiwillig viel Geld in die Entwicklung von Sensibilisierungstrainings, Minderheiten werden durch Netzwerke in ihrer Präsenz gestärkt, der Austausch zwischen verschiedenen Gruppen wird gefördert, und betriebliche Vergünstigungen werden auf bisher unbeachtete Gruppen ausgedehnt. So waren Ford und die Deutsche Bahn die ersten, die betriebliche Vereinbarungen wie Freistellungsansprüche und finanzielle Leistungen, insbesondere die betriebliche Altersversorgung, auf gleichgeschlechtliche Paare ausweiteten und damit gesetzliche Vorgaben übertrafen.

In Europa erleben wir das Zusammenrücken vor allem durch die Erweiterung der EU. Im Zuge der Globalisierung, der Europäischen Integration und der demografischen Entwicklungen werden Belegschaften vielfältiger. Menschen mit verschiedener Herkunft, Rasse, Kultur, Religion, Weltanschauung oder Fachkompetenz, mit unterschiedlichem Alter, Geschlecht und Sinn für Humor arbeiten zusammen in derselben Abteilung oder im selben Arbeitsteam.

Unternehmen entdecken den Nutzen multikultureller Vielfalt für die Managementetagen. Um die eigene Überlebensfähigkeit am Markt zu sichern, sehen sie zunehmend eine Chance darin, die Viel-

---

38 Quelle dieses und der unmittelbar folgenden Zitate: http://www.siegessaeule. de/magazin/12_03/index_diversity_management.html am 4.9.2005.

farbigkeit und Unterschiedlichkeit ihrer Mitarbeiter auch auf der Führungsebene abzubilden. Unternehmensberatungen rekrutieren daher neben Ökonomen zunehmend auch »Exoten« wie Soziologie- oder Philosophie-Studenten für namhafte Konzerne.

Vielfalt als Wert in den Köpfen zu implementieren, geht aber freilich nicht von heute auf morgen. Doch auch wenn Europa diesbezüglich noch in den Kinderschuhen steckt, ist Managing Diversity ein Unternehmenscredo, das zu vielerlei positiven Veränderungen in Unternehmensstrukturen führen kann und das eine echte Chance für die Wertschätzung der Qualitäten hochsensibler Menschen am Arbeitsmarkt bietet.

Dieses Buch möchte einen Beitrag dazu leisten, dass Sensibilität als wertvolle menschliche Eigenart erkannt und anerkannt wird. Sensibilität ist ein Indiz für einen Menschen, der kreativ, kooperativ und idealistisch ist. Sensibilität ist ein Teil eines Gesamtpakets an Eigenschaften, die den Besitzer zu einem wertvollen und unverzichtbaren Mitglied in Firmen und in Teams aller Art macht.

Die Verschiedenheit der Menschen

Die Menschen sind verschieden. Diese einfache Aussage ist an und für sich keine Neuigkeit. Und doch richten viele Arbeitgeber trotz dem Aufkommen des Diversity Managements wenig Augenmerk auf diese simple und zugleich so bedeutsame Tatsache.

Gunter Dueck, Distinguished Engineer bei IBM und Autor von »Wild Duck« sowie der Trilogie »Omnisophie«, »Supramanie« und »Topothesie«, die sich mit der »artgerechten Haltung« von Menschen befasst, fordert in seinen Büchern, die *»Menschen ungleich, individuell, verschieden nach ihrem Temperament zu behandeln, so dass sie ihr Glück in einer Form finden, die sie selbst als Glück empfinden.«*[39] Dueck weiter: *»Schluss mit der Einheitsseele und der Messung des derzeitigen Abstands von dieser selben.«*

---

39 Dueck, Gunter: Wild Duck. Empirische Philosophie der Mensch-Computer-Vernetzung. Springer, Berlin 2000, S. 72.

Es ist, so Dueck, essentiell, dass die Verschiedenheit der Menschen endlich stärker beachtet und geschätzt wird. Es ist ganz wichtig, Menschen individuell zu behandeln und keine Gleichmacherei zu betreiben. Außerdem ist nur Ungleichbehandlung auf Dauer ökonomisch gewinnbringend. Das Prinzip des »Diversity Managements« ist ganz in diesem Sinne. Dazu Dueck: »*Menschen, die Zufriedenheit und individuelles Sein für Luxus halten, haben bei der gesellschaftlichen und unternehmerischen Regelbildung (noch!) die Oberhand.*« Noch.

Zur Illustration der Verschiedenheit der Menschen wählte Dueck die Typologie des MBTI- Tests. (Bei diesem Persönlichkeitstest gibt es 16 Typen, die 4 Temperamenten bzw. Grundtypen zugeordnet sind) Dueck fordert: »*Jeder Mensch muss einen individuellen Sinn haben dürfen! Es sollten in unserer Gesellschaft mindestens einige anerkannte Grundtypen als sinnvoll anerkannt werden.*«[40]

Warum es sinnvoll ist, dass die Menschen unterschiedlich sensibel sind und warum folglich die Wirtschaft auch Hochsensible nicht mehr länger sträflich behandeln darf, wird im nächsten Kapitel beleuchtet.

Der Vorteil unterschiedlich hoher Sensibilität

Viele Unternehmer suchen mittlerweile bewusst Leute die neue Ansätze hereinbringen, weil die alten Strukturen festgefahren sind und besonders in der angespannten wirtschaftlichen Lage nicht mehr funktionieren. Die zu finden, lohnt sich.

Sara, 37 Jahre, Grafikerin

Die heutige Gesellschaft ist leider weitgehend ignorant gegenüber dem Wert der Verschiedenheit von Temperamenten und Menschentypen. Hochsensible Menschen sind – biologisch gesehen – anders.

Wir sind willkommen aufgrund unserer Kreativität, der Kooperationswilligkeit, der guten Intuition, unserem Perfektionismus, dem Sinn für Kundenwünsche und für innere Belange der Firma und eventuell sogar wegen unserer hohen Ethik. Zeigen wir aber die andere Seite des HSP-Seins, die schnellere Überstimulation, das Bedürfnis nach Ruhepausen oder die stärkere Gefahr zu erkranken,

---

40 ebd.

wenn unsere Bedürfnisse missachtet werden, müssen wir fürchten, diskriminiert zu werden.

Bis sich die Arbeitswelt ändert, müssen wir als HSP selbst unsere typischen Probleme mit Arbeit und Arbeitsplatz lösen oder uns irgendwie durchmogeln: so tun, als wären wir keine HSP. Das ist unfair, aber leider wahr. An erster Stelle sollte für uns stehen, dass wir unsere hohe Sensibilität annehmen und bejahen. Nur dann sind die Voraussetzungen gegeben, dass auch andere sie gutheißen können.

Die Wiener Diplom-Psychotherapeutin Ingrid Possnigg sieht hohe emotionale Intensität und große Sensibilität als besondere Qualitäten. Sie unterstützt daher ihre Klienten sehr darin, ihre Sensibilität als etwas Besonderes, als eine Gabe mit einen besonderen Wert schätzen zu lernen. *»Wenn die Menschen das lernen können, so können sie damit auch besser umgehen, wenn es einmal stärker wehtut«*, so Possnigg. Unsere Sensibilität braucht uns nicht behindern, wenn wir gut mit uns umgehen. Wenn wir gut für unsere Seele sorgen, werden wir unabhängiger von anderen Menschen und deren Meinung. Dadurch steigt unsere Fähigkeit, unsere damit in Zusammenhang stehenden Kompetenzen einzubringen.

Aber auch weniger sensible Menschen haben besondere Fähigkeiten und Begabungen, die wiederum vielen Hochsensiblen abgehen oder die sie im Laufe ihres Lebens erst erwerben müssen. Es ist höchst sinnvoll, dass es unterschiedlich sensible Individuen gibt. Der Mensch ist eine soziale Spezies, er lebt und agiert in Gruppen. Durch die Kooperation von verschiedenartigen Einzelwesen steigt die Fähigkeit der gesamten Gruppe, unterschiedlichste Situationen und Aufgabenstellungen zu bewältigen. Wo Entscheidungsfreudigkeit und Risikobereitschaft gefragt sind, werden HSP oft fehl am Platze sein. Selbst in Sozialberufen gibt es Bereiche, für die Menschen mit geringerer Sensibilität besser geeignet sind. Standfestigkeit, Toleranz, Humor und Verlässlichkeit zählen zu den Eigenschaften, die unreifen HSP in ihrem Idealismus oft abgehen und die viele weniger Sensible schon in jungen Jahren besitzen.

Andere Menschen aufzumuntern und zu motivieren gelingt oft denen leichter, die nicht vor lauter Empathie zutiefst betroffen sind. Oder die vor lauter Empörung über die Ungerechtigkeit der Welt gar nicht sehen, dass sie hier und jetzt Erleichterung bringen können.

Vielleicht gibt es eines Tages Ärztezentren mit einem hochsensiblen Arzt für die Diagnose (nicht hochsensible Ärzte haben bei Diagnosen eine »Trefferquote« von unter 50%) und anderen für die Behandlung, z.B. für Operation oder Physiotherapie.[41]

Durchschnittlich oder unterdurchschnittlich sensible Menschen tun sich oft auch leichter als HSP, sich in hierarchische Strukturen einzufügen. Das ist bei Großprojekten oder in Firmen oft notwendig. Nicht-HSP wissen meist ganz instinktiv, wie sie sich zu verhalten haben, um die soziale Struktur stabil zu halten und um nicht anzuecken. HSP haben da oft eine Sprengkraft, die in repressiven Strukturen zu wichtigen Reformen oder Revolutionen führen kann. Funktionierende hierarchische Systeme werden jedoch von unreifen HSP behindert, oder öfter noch: die HSP wird an den Rand gedrängt oder sie fliegt raus. Deshalb ist es besonders wichtig, dass hochsensible Menschen nur in solchen Teams arbeiten, die ihrer Ethik im Großen und Ganzen entsprechen, damit sie sich freiwillig einfügen. Kleinere Korrekturen können dann von ihnen angestiftet werden, zum Wohle aller, sodass das Team handlungsfähig bleibt und sich trotzdem weiterentwickelt.

Hochsensible Menschen sind überall am richtigen Platz, wo Analyse komplexer Systeme, Empathie oder Kreativität gefragt sind. Wo langfristige, nachhaltige Lösungen gesucht werden, egal ob auf der Individual- oder der Gesellschaftsebene, wo es um Innovationen und langfristige Planung geht, wird es klug sein, HSP damit zu betrauen. Auch dort, wo individuelle Betreuung, maßgeschneidertes Service und Beratung gewünscht sind, werden HSP besonders gute Arbeit leisten, ebenso wie in den Bereichen Design und Software-Entwicklung.

Sensible und weniger sensible Menschen können viel voneinander profitieren und voneinander lernen. Ein Team aus unterschiedlich sensiblen und in unterschiedlichen Bereichen begabten Mitarbeitern, die sich gegenseitig wertschätzen, wird meist die größten Erfolge bringen.

---

41   Lynn Mc Taggart, »Was Ärzte Ihnen nicht erzählen«, SENSEI Verlag 1998.

Der spezielle Wert von HSP-Charakteristika

Hochsensibilität nützt mir im Beruf auf jeden Fall. Zum einen kann ich bei der Analyse meiner Zielgruppe besonders feine Antennen einsetzen. Was mögen sie, welche Gefühle verkaufe ich, womit erreiche ich was. Zweitens bin ich visuell schnell überstimuliert, in meinem Job ist das aber eine Gabe, denn ich kann kleinste Feinheiten manchmal unbewusst aufnehmen, Stimmungen schaffen, die ich irgendwo vorher gesehen habe. Und dann ist mein Plus die Bandbreite der Kommunikation, mit der ich mich früh auseinandergesetzt habe.

Sara, 37 Jahre, Grafikerin

»*Ich mag nicht, wenn es Unruhe, Trubel, Ärger oder Stress gibt! Ich kann nicht mehrere Dinge gleichzeitig am Hals haben. Ich bin dann sehr aufgeregt und bin hinterher völlig erschöpft. Ich brauche danach zu Hause unbedingte Ruhe. Ich muss allein sein und wieder abdampfen. Sonst verbrenne ich. Ich kann nicht gut arbeiten, wenn mir andere dabei kritisch zusehen. Ich versage meist unter Druck. Da fällt mir die Arbeit nämlich so schwer. Ich bin sehr kreativ, voller Liebe, aber ich falle innerlich zusammen, wenn sie es von mir erzwingen wollen. Ich bereite mich deshalb sehr sorgfältig und peinlich genau vor, damit ich alles weiß und kann. Denn dann komme ich nicht in Aufregung. Ich weiß, was andere fühlen. Ich spüre ihren Kummer. Ich kann sie kaum ansehen. Bei Gesprächen stehe ich etwas seitwärts zu ihnen, nie genau gegenüber. Ich fürchte mich, dass sie mich beobachten und über mich urteilen. Ich bin nicht sehr selbstbewusst. Wenn zu viele Menschen da sind, werde ich schnell müde. Bei anstrengenden Meetings fallen mir fast die Augen zu, ich muss dann fort und eine Weile allein sein. Es ist fast wie ein Shutdown. Mein Betriebssystem ist überlastet. Es friert ein. Dabei arbeite ich sehr gut, wenn sie mich in Frieden lassen. Sie sagen alle, ich sei sehr begabt. Ich kann aber nichts in mich aufnehmen, wie man Vokabeln lernt. Ich lerne mit dem Herzen – ich fühle das Neue wie durch die Haut. Ich denke oft an das, was sein wird. Sie sagen, ich sei visionär, aber ich versuche nur, mich auf alles Drohende vorzubereiten. Das sollte jeder tun. Aber die anderen sehen nicht, in welche Ärgernisse sie blind hinein rennen. Sie sind ganz furchtlos und haben keine Angst. Ich kann nicht verstehen, dass sie alle Risiken übersehen! Ich möchte einen Beruf, wo es viel Liebe gibt. Deshalb studiere ich bestimmt nicht Wirtschaft oder Jura. Ich kann nur gut arbeiten, wenn es meine Berufung ist. Mein Inneres muss sich gerufen fühlen! Ich will Liebe bringen. Ich will Lehrer werden oder Trainer. Ich würde am liebsten Konfliktmanagement lehren, damit alles in der Welt gut werden kann. Ich will schreiben und mahnen. Ich will mein Teil dazu tun, damit die Welt gut wird. Fein und leise soll sie sein, lieb und warm. Ich muss mir oft sagen, dass ich das irgendwann schaffen werde. Sonst wäre das Leben ja prinzipiell traurig. Meins ist oft schon traurig genug.«*[42]

Diese Worte von Gunter Dueck verdeutlichen etliche typische Charakteristika hochsensibler Menschen. Viele dieser Eigenschaften sind äußerst wertvoll und dürfen nicht unterschätzt werden. So erwähnt Gunter Dueck die Fähigkeit, gut allein arbeiten zu können, Kreativität, Engagement, Sorgfalt, Intuition, Voraussicht und Idealismus. All dies sind Begabungen, die Hochsensible in sich entdecken können und deren Wert sie in ihrer Bescheidenheit und in ihrem Perfektionsstreben oft gar nicht realisieren oder zumindest stark unterbewerten.

Der systemische Coach Gunther Polak beschreibt eine besondere Gabe von Hochsensiblen mit folgenden Worten: »*Als Pionier im Sinne von ,Sehen, was man als Normalverbraucher nicht sieht' und ,Fühlen, was man als Normalverbraucher nicht fühlt' schaffen HSP eine Form der Prävention oder Voraussicht, die anderen Menschen die Chance gibt, Dinge wahrzunehmen, die sie vorher nicht wahrgenommen haben. Das erweitert wiederum die Sichtweise und damit die Möglichkeiten. Das halte ich für die große Stärke von Hochsensiblen.*«

Ein häufiges Merkmal Hochsensibler ist ihre gute Intuition. Neben diesen Eigenschaften findet jeder Hochsensible an sich mit Sicherheit noch etliche weitere, die wertvoll sind. Selbst auf den ersten Blick negativ wirkende Merkmale haben häufig positive Seiten. Gerade für Hochsensible, die dazu neigen, ihr Licht unter den Scheffel zu stellen, gilt es daher, sich der eigenen Ressourcen bewusst zu werden und den Wert vieler gerade aus der hohen Sensibilität resultierenden Eigenschaften zu erkennen und selbstbewusst vertreten zu können.

---

42 Dueck, Gunter: Highly Sensitive!. In: Informatik Spektrum, Band 28, April, Heft 2/2005, S. 151–157.

Klärung und Heilung

»Ich denke, es gibt viele Menschen die mit zunehmendem Alter abge-brühter werden und sagen, sie können sich nicht mehr so freuen, sind aber auch nicht mehr so traurig. Ich glaube aber, dass es genauso viele Men-schen gibt, die ihre Sensibilität, aber auch ihre starke emotionale Antwort auf Ereignisse im Laufe des Lebens pflegen und erhalten können, aber immer besser damit umgehen lernen. Das ist der wesentliche Punkt.

Dr. Günther Possnigg

Selbstwahrnehmung praktizieren – Grenzen akzeptieren

Zur eigenen Sensibilität mit ihrer differenzierten Gefühls- und Er-lebniswelt, ihren Vor-, aber auch ihren Nachteilen stehen zu können, ist etwas sehr Heilsames. Sich ständig zu bemühen, so zu sein wie die nicht-hochsensible Mehrheit, wird eine HSP auf Dauer frustrie-ren und auslaugen. Wenn man sich an den Lebensstil der 85 % Nicht-HSP anzugleichen versucht und gegen die eigene Sensibilität rebel-liert, wird man immer Probleme damit haben. Es gilt daher, nicht nur selbst Grenzen zu setzen, sondern auch zu akzeptieren, dass es Grenzen gibt, die man als Hochsensibler nicht permanent über-schreiten kann, ohne dafür einen hohen Preis zu zahlen.

Ein wichtiger Schritt zur Klärung und Heilung der eigenen An-lage kann »Reframing« sein. Der Begriff wurde von der 1988 ver-storbenen Virginia Satir, die auch als »Mutter der Familientherapie« bezeichnet wird, eingeführt und vor allem in der systemischen Psy-chotherapie verwendet. Reframing bedeutet, etwas in einen neuen Bezugsrahmen zu setzen. Jeder Mensch, und besonders jeder hoch-sensible Mensch, findet in seiner Vergangenheit sicher eine Menge kleiner und auch einige größere Ereignisse, in denen er seiner eige-nen Einschätzung nach nicht optimal reagiert hat.[43] Reframing ist eine einfache und wirksame Methode, um diese Ereignisse im Lichte unseres heutigen Wissens über unsere Veranlagung in einem neuen und freundlicheren Licht zu sehen.

Reframing besteht aus drei Schritten: Erstens, erinnern Sie sich an die damalige Situation, besonders auch an Ihre eigenen Urteile über

---

43   Dazu siehe auch: Parlow, Georg: Zart besaitet. Festland Verlag Wien.

sich selbst. Zweitens, schauen Sie, wie sie mit Ihrem heutigen Wissenstand zu Ihren damaligen Handlungen oder Versäumnissen stehen, und wenn Sie jetzt Mitgefühl mit dem unreiferen Selbst haben, sprechen Sie das aus. Und drittens schauen Sie, ob sich aus ihrer neuen Blickweise Handlungsimpulse für die Gegenwart ergeben. Genauere Anleitung zu diesem Prozess speziell für HSP finden Sie in dem Ratgeber »Zart besaitet – Selbstverständnis, Selbstachtung und Selbsthilfe für hochsensible Menschen« von Georg Parlow.

Eine besondere Aufgabe für HSP ist es, das richtige Lebenstempo bzw. den eigenen Rhythmus zu finden und diesen so oft wie möglich einzuhalten. Dafür können folgende Schritte hilfreich sein:
- sich realistische Ziele setzen
- Arbeiten in kleine Teilschritte unterteilen. Kleine Schritte reduzieren Überstimulation und bringen uns zugleich vorwärts. (Jede Aktivität kann in kleine Schritte unterteilt werden. Wer z. B. jeden Tag nur eine Seite schreibt, hat in einem Jahr ein dickes Buch fertiggestellt.)
- den eigenen Körper- und Energierhythmus finden und sich, so gut es geht, anstrengende Aktivitäten danach einteilen. (Bin ich ein Morgen- oder Nachtmensch? Spüre ich Mittagstiefs? etc.)
- eigene Grenzen akzeptieren
- das eigene Selbst schützen, indem man lernt, nur dann »ja« oder »nein« zu sagen, wenn man es auch wirklich so meint.

Zuallererst gilt es, zu lernen, sich mit den eigenen Stärken und Schwächen, welche die eigene Sensibilität mit sich bringt, von Herzen wertzuschätzen. Dann erst können wir erwarten, von anderen Menschen in unserer Eigenart respektiert zu werden. Vorurteile gegenüber den ‚Sensibelchen‘ werden wir dann nach und nach entkräften können.

Anregungen zur Selbstentwicklung

Karin Dölla-Höhfeld[44], Coach und Trainerin, die sich mit der HSP-Thematik intensiv auseinandergesetzt hat, schlägt folgende acht Schritte vor:

1. Sich selbst besser kennen lernen: Wie funktioniert mein empfindsamer Körper? Beobachten Sie sich, sammeln Sie Informationen.
2. Die Vergangenheit in neuem Licht sehen: Belastende Situationen von früher im Licht der neuen Erkenntnisse über die eigene Hochsensibilität neu bewerten. Machen Sie sich ebenfalls bewusst, wann Ihnen Ihre Sensibilität schon sehr nützlich war.
3. Innerlich heil werden: Seelische Verletzungen aus der Kindheit heilen.
4. Die eigene Berufung finden: Welchen Platz in der Welt kann nur ich ausfüllen?
5. Konzentriert leben: Wo ist mein Fokus? Was kann ich weglassen?
6. Die Balance finden zwischen »draußen sein« und »sich zurückziehen«: Sich einen individuellen, gesunden Lebensrhythmus einrichten.
7. Einen eigenen Lebensstil finden: Als Original leben.
8. Gemeinsam stark sein: Menschen finden, die einen schätzen und unterstützen.

Über jeden dieser Schritte ließe sich ein eigenes Buch schreiben, und insgesamt benötigt so ein Ausrichtungsprozess sicherlich einige Monate; bis er wirklich abgeschlossen ist, wohl Jahre.

Trotzdem finden wir es gut, diesen Prozess zu beginnen um allmählich und in kleinen Schritten aus unseren Stolpersteinen Meilensteine zu machen. Nehmen wir uns dafür auseichend Zeit und holen wir uns ruhig Unterstützung von Freunden oder auch von professionellen Beratern. Das bloße Wissen um die eigene hochsensible Veranlagung ist bereits ein wichtiger Schritt, vielleicht sogar der wichtigste. Nur so können wir lernen liebevoll und respektvoll mit

---

44 Dölla-Höhfeld, Karin (Coach und Trainerin) in einer Ausgabe der Radiosendung »Lebensart« über hochsensible Menschen auf WDR5 am 28.12.2004.

uns selbst umzugehen. Schließlich leben wir in einer Gesellschaft, in der unsere Veranlagung weitgehend unbekannt ist und wo das wenige, was bekannt ist, vielfach abgewertet wird. Und doch erfüllen wir nicht trotz, sondern wegen unserer Veranlagung in jeder Gesellschaft, in jeder Gruppe und in jedem wirtschaftlichen Betrieb eine wichtige Funktion.

Zeitmanagement und Prioritätensetzung

Als Gegenpol zu meiner Berufstätigkeit und meinem Alltag als alleinerziehende Mutter von 4 Kindern schreibe ich Gedichte und male. Die beste Entspannung finde ich mit mir allein in der Natur. Wasser ist für mich die beste Kraftquelle. Eine Stunde an einem See, ganz ruhig, und ich merke, wie Kraft zurückkommt. Außerdem habe ich Meditation und Selbsthypnose gelernt. Tipp für andere? Ich denke, auch HSP sind oft grundverschieden. Aber mir scheint in unserem Alltag sehr wichtig, dass wir abtauchen können aus allem »Zuviel«. An Lärm, an Farben, an Menschen.

Natalja, 50 Jahre, gelernte Zahnmedizinerin und Berufsschullehrerin

Mittlerweile haben in unserer schnelllebigen Zeit viele Menschen das Gefühl, ständig auf die Überholspur gedrängt zu werden. Sie leiden unter der Hochgeschwindigkeits-Gesellschaft, in der immer mehr immer besser und dabei immer schneller zu geschehen hat. Der Druck, in immer kürzerer Zeit und immer geringerem Budget mit immer weniger Personal immer mehr zu leisten, steigt seit Jahrzehnten kontinuierlich. »Speedmanagement« lautet das Schlagwort dazu. Es wird z. B. erwartet, dass E-Mails rasch beantwortet werden. In Zeiten der Briefpost war Korrespondenz langsamer, man hatte daher oft mehr Zeit, Dinge zu überdenken. Mit dem Handy ist man stets und überall erreichbar. Firmenhandys sorgen dafür, dass man den Berufsstress noch intensiver mit nach Hause nimmt, als man es ohnehin tut.

Der persönliche Rhythmus der Menschen, welcher der eigenen mentalen, emotionalen und physischen Verfassung entspräche, geht dabei verloren.

Weit verbreitet in den USA ist die so genannte Hetz-Krankheit (Hurry Sickness), zuerst beschrieben von Dr. med. Larry Dossey in

»Space, Time, And Medicine«. Hurry Sickness entsteht durch den Irrglauben, wir könnten alles erreichen, wenn wir nur alles immer schneller erledigten. Diese Krankheit grassiert inzwischen längst auch bei uns. Übervolle Terminkalender, Magengeschwüre, Herzbeschwerden, nervöse Erkrankungen und Stress selbst in der Freizeit sprechen darüber Bände.

Doch langsam zeichnet sich eine Trendwende im Zeitmanagement ab. »Zeitökologie« nennt sich die Lehre vom maßvollen Umgang mit der Zeit, die eine Rückkehr zu einer natürlichen Zeitordnung fordert. In den letzten Jahren werden zunehmend Stimmen für eine Abkehr vom Tempowahn laut. »Entschleunigung« und »langsamer ist schöner« lauten Schlagworte, und es gibt auch bereits einen »Verein zur Verzögerung der Zeit« und eine Vereinigung namens »Slow Food«, die sich gegen die Verflachung der Esskultur durch Fast Food wendet.[45] Stan Nadolnys Roman »Die Entdeckung der Langsamkeit«, in dem der Held, ein notorisch langsamer Mensch, herausfindet, dass sein langsames Tempo kein Handicap, sondern im Gegenteil Quell von Energie und Kreativität ist, hat längst Kultstatus erlangt.

Langsam beginnt sich eine Erkenntnis durchzusetzen: »Wer in unserer High-Speed-Gesellschaft auf Dauer bestehen will, muss nicht schneller und härter arbeiten, sondern besser mit seinen Kräften haushalten«.[46]

Zehn typische Zeitsünden:
1. Zu viel auf einmal tun zu wollen
2. Auf klare Prioritäten verzichten
3. Zu wenig Zeit für Unvorhergesehenes einplanen
4. Chaos auf dem Schreibtisch
6. Zu wenig Zeit für Telefonate, Gespräche und Korrespondenz reservieren
7. Unangenehme Aufgaben aufschieben
8. Unfähigkeit, »nein« zu sagen

---

45 Siehe dazu: Seiwert, Lothar W.: Wenn du es eilig hast, gehe langsam. Campus Verlag, Frankfurt/Main 2005, S.15.
46 ebd., S.170.

9. Alles zu perfekt erledigen wollen, egal um welchen Preis
10. Mangelnde Konsequenz und Selbstdisziplin.[47]

> Um der übermäßigen Beschleunigung unseres Lebens gegenzusteuern, können Sie ein paar der folgenden Anregungen ausprobieren:
> - in der Freizeit prinzipiell keine Uhr tragen
> - öfters innehalten, um die kleinen Freuden des Alltags zu genießen
> - Zeiten der Muße einplanen
> - den Terminkalender soweit wie möglich entschlacken
> - den Augenblick genießen (Regenluft einatmen, barfuss durch eine Wiese laufen, sich auf ein schönes Lied ganz bewusst konzentrieren u.ä.)
> - so oft wie möglich in Ruhe und mit Genuss essen
> - Zufriedenheitsziele für die persönlichen Stressbereiche setzen
> - versuchen, das eigene Tempo zu leben
> - sich Zeit für die Gesundheit nehmen und liebevoll mit sich selbst umgehen

Wichtig ist, so Seiwert, auch die persönliche Prioritätenplanung:
- Häufig werden wir vom Diktat des Dringlichen beherrscht. Viel zu oft ist das Dringliche aber nicht identisch mit dem wirklich Wichtigen. Lernen Sie daher, loszulassen, zu delegieren, »nein« zu sagen. Lothar W. Seiwert rät in seinem Buch »Wenn du es eilig hast, gehe langsam«, bei Dringlichem »nur« zu reagieren, damit man bei wirklich Wichtigem agieren kann.
- »Wer nicht regeneriert, verliert«. Studien über Langlebigkeit und Gesundheit zeigen: Wer es versteht, Arbeit und Freude gleichermaßen in seinen Alltag zu integrieren und im Gleichgewicht zu halten, lebt nicht nur länger, sondern ist auf Dauer glücklicher und kann das Leben besser genießen, so Seiwert. Die chronische Überbetonung eines Lebensbereichs – z.B., wie es oft der Fall ist, des Berufsbereiches – führt zwangsläufig zu Problemen in anderen Bereichen. Wichtig ist daher das ganzheitliche Zeit- und Le-

---

47 Siehe dazu: Seiwert, Lothar W.: Wenn du es eilig hast, gehe langsam. Campus Verlag, Frankfurt/Main 2005, S.15.

bensmanagement. Dieses hat zum Ziel, alle wichtigen Lebensbereiche wie Beruf, Familie, Sinnfragen und Gesundheit in Balance zu bringen, damit man für alle genug Zeit zur Verfügung hat. Mit anderen Worten: Das Ziel ist das Finden der sogenannten »Work-Life-Balance«.

Dafür ist es sinnvoll, sich zu überlegen, wie viel Zeit man jeweils
• für die Arbeit
• für den Körper und die Gesundheit
• für private Kontakte und Beziehungen und
• für die Auseinandersetzung mit Sinn- und Zukunftsfragen aufwendet.

Da wir in einer Leistungs- und nicht einer Sinngesellschaft leben, finden sich im ersten dieser vier Bereiche meist Angaben von 50–70 %, im letzten meist Angaben von 5–15 %.[48] Um körperlichen und seelischen Störungen vorzubeugen, ist es wichtig, allen vier Bereichen genügend Zeit und Aufmerksamkeit zu widmen.[49]

• Eine weitere Strategie zur Erhaltung der Balance ist Simplifizierung. Man sollte sich überlegen, ob man sich zuviel zumutet, ob man, so Seiwert, zu viele »Lebenshüte trägt«. Konzentration auf Wesentliches bringt Erfüllung. Daher gilt es, Prioritäten zu setzen, damit man seine Zeit besser im Griff hat und sich auf Wesentliches konzentrieren kann. Zeitprobleme sind nämlich oft Probleme, sich auf die wirklich wichtigen Dinge zu konzentrieren.

Für ausgewogenes Zeitmanagement ist ein Terminkalender mit Farbcodierung hilfreich, in dem man zum Beispiel
• unvermeidbare, aber eher unangenehme oder stressreiche Termine rot markiert;

---

48 Siehe dazu: Seiwert, Lothar W.: Wenn du es eilig hast, gehe langsam. Campus Verlag, Frankfurt/Main 2005, S. 72.
49 Siehe dazu auch: Pereschkian, Nossrat: Auf der Suche nach Sinn. Psychotherapie der kleinen Schritte. Fischer, Frankfurt/Main 1997.

- Termine, die zwar nicht übermäßig stressen, aber auch keine Entspannung bringen, gelb markiert und
- Termine, die einem Freude bereiten, grün markiert.

Wichtig ist, darauf zu achten, dass der Terminplan immer mit möglichst vielen grünen Punkten »durchsetzt« ist.

Dr. Possnigg, Facharzt für Neurologie und Psychiatrie sowie Psychotherapeut in Wien, rät Hochsensiblen, sich Inseln zu bauen, auf denen sie hochsensibel sein können. Solche Inselaufenthalte können nur wenige Minuten dauern, in denen wir uns an einen schönen Platz zurückziehen, vielleicht eine Atemübung machen, uns strecken, Kopfhörer mit unserer Lieblingsmusik aufsetzen oder etwas anderes tun, was uns Freude macht, uns zentriert und entspannt. Günstig ist, mehrmals am Tag, und besonders an stressigen Tagen, diese ‚Insel' aufzusuchen. Gestärkt durch solche Inselaufenthalte und im Wissen, dass weitere Aufenthalte auf diesen HSP-Inseln folgen werden, kann man überstimulierende Situationen besser ertragen.

Dazu Dr. Possnigg: *»Mit Hilfe solcher Inseln kann man gut zurechtkommen, denn wir müssen nicht rund um die Uhr völlig geschützt sein. Mit leichten Verletzungen hin und wieder oder gelegentlicher Überstimulation kann man leben.«*

Schaffen Sie sich also Zeiten der Ruhe und des Nichtstuns. Hochsensible sind häufig äußerst pflichtbewusst. Obwohl es gerade für sie besonders fatal ist, ein allzu hektisches Leben zu führen, gibt es doch nicht wenige HSP, die bereits ein schlechtes Gewissen haben, wenn sie fünf Minuten ruhig sitzen, ohne etwas zu tun – nicht nur in der Arbeit, auch zu Hause. Als Übung kann man sich langsam daran gewöhnen, zwischendurch wenigstens 10 Minuten der absoluten Untätigkeit und Stille zu ertragen. Schafft man das, wird man die Ruhe bald nicht mehr bloß ertragen, sondern genießen können. Und die Zeiten der Arbeit werden danach umso effektiver und kreativer.

Berufe für Sensible

Warum ich in meinem Beruf zufrieden bin? Zum einen, dass ich dort persönliche Interessen (Naturschutz) einbringen und umsetzen kann und zum anderen, dass dort (vielleicht aus dem Grund, dass eher altruistisch veranlagte Menschen dort tätig sind?) nach meiner Wahrnehmung im Durchschnitt ein angenehmerer Umgang der Menschen miteinander herrscht, als in den meisten anderen Branchen.

Elmar, 40 Jahre, Landschaftsökologe

Ich hatte immer zwei große Interessen: Medizin und Pädagogik/ Psychologie. 2 Seelen in der Brust. Bei meiner Tätigkeit jetzt kann ich alles wunderbar verbinden. Außerdem gehe ich sehr gern mit jungen Menschen um. Sie bereichern mein Leben, meine Weltsicht rostet nicht ein, sondern ich muss immer auf dem neuesten Stand bleiben.

Natalja, 50 Jahre, Berufsschullehrerin

Es gibt Berufe, Berufsgruppen und Berufsumfelder, die für hochsensible Menschen besonders attraktiv sind. Dann gibt es solche, in denen nur wenige HSP anzutreffen sind und schließlich solche wo zwar viele, aber großteils unzufriedene Hochsensible anzutreffen sind.

So sind zum Beispiel viele HSP aufgrund ihrer Fähigkeit, gut alleine arbeiten zu können, aufgrund ihrer Gewissenhaftigkeit und Genauigkeit sowie ihres Einsatzes und Ehrgeizes dafür prädestiniert, sich beruflich selbstständig zu machen. Es gibt HSP die sich durch viel Kontakt mit Mitmenschen gestärkt und inspiriert fühlen. Andere werden dadurch ausgelaugt, sie genießen mehr die autonome Beschäftigung mit Ideen und Projekten. Es gibt keine Patentrezepte, weil HSP zu verschieden sind, wohl aber gibt es eine Palette typischer HSP–Berufe. Es gibt z. B. sehr viele hochsensible Pädagogen. Während viele von ihnen in ihrem Beruf viel Freude und Erfüllung finden, gibt es ebenso viele, die unter starkem Stress stehen und von

Burnout und Sinnkrisen bedroht sind. Die tägliche Auseinandersetzung mit großteils nicht hochsensiblen Schülern und deren Gruppenverhalten hat schon zahlreiche begabte und idealistische Lehrer zur Verzweiflung getrieben. Gerade als Lehrer bringen die weniger Sensiblen oft Fähigkeiten mit, die wir Hochsensiblen uns erst erarbeiten müssen.

Neben der Pädagogik sind weitere beliebte Berufsfelder für hochsensible Menschen in den Bereichen Beratung, Mediation, Psychologie und Therapie, Pflege- und Sozialberufe, Kunst, Grafik, Design und ähnliche Kreativberufe, Datenverarbeitung und Archivierung, alles rund um Bücher wie Lektorat und Bibliothekare, aber auch allgemein rund um Sprache wie Germanistik, Übersetzer, Autoren, Texter sowie alles im Bereich Werbung und PR, und natürlich die Bereiche Religion, Spiritualität, Esoterik und Lebensberatung. In all diesen Berufen finden sich viel mehr HSP als die durchschnittlichen 15%, doch ob sie als Fron oder Berufung erlebt werden, hängt von vielen Faktoren ab. Da spielt die Persönlichkeit eine ebenso große Rolle wie die jeweiligen Rahmenbedingungen, die höchst unterschiedlich sein können.

Unterschiedliche Typen von Hochsensiblen

Das folgende Kapitel stellt deshalb, ausgehend von einer verbreiteten Charakter-Typologie, die 7 häufigsten Typen unter den HSP vor. Sie unterscheiden sich in charakteristischer Weise sowohl in ihren Vorlieben als auch in ihren Stärken, im Arbeitsstil und in der Stressverarbeitung. Mithilfe von detaillierten Beschreibungen und Checklisten kann jeder Leser seinen Typ herausfinden und dessen berufliches Stärken- und Schwächenprofil nachlesen. Darüber hinaus finden Sie eine Auswahl an geeigneten Berufsgruppen sowie speziell auf den eigenen Typ abgestimmte Tipps für das Berufsleben.

Die Charakter-Typologie geht auf den Psychologen C. G. Jung zurück. Jung war der Ansicht, menschliches Verhalten sei nichts Zufälliges und somit klassifizierbar. Verschiedenes Verhalten, so Jung, resultiere aus verschiedenen Präferenzen der Menschen. Diese Präferenzen, die schon früh im Leben festgelegt werden bzw. teilweise angeboren sind, bilden die Grundlage unserer Persönlichkeit. In seinem 1920 erschienenen Buch »Psychologische Typen« stellte Jung erstmals seine 8 Präferenzmodelle, d. h. 8 verschiedene, von ihm ausgearbeitete psychologische Typen vor.

Die Amerikanerinnen Katharine Briggs und ihre Tochter Isabel Briggs Myers griffen in den 40er-Jahren Jungs System wieder auf und entwickelten auf der Grundlage von Jungs auf 3 konträren Präferenzpaaren beruhenden 8 psychologischen Typen den sogenannten MBTI, ein psychologisches Instrument, mit dem sich 16 Persönlichkeitstypen differenzieren lassen. (Informationen dazu auf folgender Webseite: http://myersbriggs.org/) Der amerikanische Psychologe David Keirsey entwickelte Jungs System ebenfalls weiter und schuf mit dem Keirsey Temperament Sorter ein sehr ähnliches Instrument zur Typbestimmung. (Siehe dazu auch www.keirsey.com/german.html) Auch in Russland wurden Jungs Ideen zu einer Persönlichkeitstypologie, Socionics genannt, weiterentwickelt. (Siehe dazu www.socionics.com)

Diese weiterentwickelten, auf C. G. Jung basierenden Typologien zählen zu den verbreitetsten psychologischen Persönlichkeitstypologien der Welt. So wird beispielsweise in den USA die Version von Myers-Briggs sehr häufig vor allem bei der Personalauswahl angewendet.

Bei der Typbestimmung geht man zunächst von 4 Gegensatzpaaren bzw. Präferenzen aus:
• Extraversion (E) versus Introversion (I)
• Sensing (S) versus Intuition (N)
• Feeling (F) versus Thinking (T)
• Judging (J) versus Perceiving (P).

Da es bei jedem Gegensatzpaar 2 Möglichkeiten der Zuordnung gibt, ergeben sich daraus 16 Typen (ISFJ, ISFP, INFJ, INFP, ISTJ, ISTP, INTJ, INTP, ESFJ, ESFP, ENFJ, ENFP, ESTJ, ESTP, ENTJ und ENTP.)

Im Folgenden werden die Gegensatzpaare detailliert vorgestellt und Sie können diese für sich selbst ermitteln. Danach folgen ausführliche Erläuterungen zu den 7 unter den Hochsensiblen am häufigsten anzutreffenden Typen, zu deren Arbeitsstil, ihren besonderen Talenten sowie ihren potentiellen Schwachstellen. Außerdem erhalten Sie speziell auf die einzelnen Typen bezogene Tipps für das Arbeitsleben.

I. Das erste Gegensatzpaar: Extraversion (E) und Introversion (I)

Laut MBTI-Statistik gibt es etwa 50 % Introvertierte und ebenfalls etwa 50 % extravertierte Menschen.[50] Unter den Hochsensiblen finden sich allerdings deutlich mehr Introvertierte als Extravertierte (etwa im Verhältnis 70:30 laut Elaine Aron). Introversion darf keineswegs mit Scheuheit verwechselt werden. Nach Jung bedeutet Introversion schlicht, dass man sich bevorzugt dem Subjekt, dem Inneren zuwendet, während Extraversion bedeutet, dass man sich bevorzugt dem Objekt, dem Äußeren zuwendet. Extravertierte und Introvertierte unterscheiden sich in 3 Kerngebieten:

1. Art der Energiegewinnung
2. Reaktion auf Stimuli
3. Tiefe der Interessen (Tendenz zur Spezialisierung bei Introvertierten) vs. Breite der Interessen (Tendenz zur Generalisierung bei Extravertierten).

Im Detail bedeutet das:

Introvertierte (I)

- tanken Energie, indem sie sich ihrer Innenwelt zuwenden
- vermeiden meist Gruppen, suchen Ruhe
- denken länger nach, bevor sie sprechen
- müssen nach ihrer Meinung oft gefragt werden
- zeigen weniger Mimik und Gestik
- reflektieren und handeln vorsichtig

---

50 Diese Daten stammen von einer aus Zufallsstichprobe der MBTI-Ergebnisse von 3009 Menschen, die sich einem offiziellen MBTI-Test unterzogen haben. Näheres dazu siehe: http://www.infj.org/public/typestats.html.

- kommunizieren eher verhalten, selbst wenn sie in ihrem Inneren enthusiastisch sind
- stehen nicht gerne im Zentrum der Aufmerksamkeit, sind also eher »private« Personen
- bevorzugen die »innere Welt« von Ideen und Gedanken
- und haben oft einige ganz spezielle Interessen, die sie bis ins Detail verfolgen.

Extravertierte (E)
- tanken Energie, indem sie sich der Außenwelt, d. h. anderen Menschen zuwenden
- gehen auf Menschen zu, sodass man sie recht einfach kennen lernen kann
- fühlen sich in Gruppen wohl und suchen häufig die Gesellschaft von Menschen
- sprechen, während sie denken, spinnen ihre Gedanken während sie diese aussprechen
- sagen ihre Meinung, ohne dass man sie danach fragen muss
- zeigen ausgeprägte Mimik und Gestik
- handeln meist weniger vorsichtig und reflektiert als Introvertierte
- kommunizieren enthusiastisch
- stehen ganz gerne im Zentrum der Aufmerksamkeit, sind also eher »öffentliche« Personen
- bevorzugen die »äußere Welt« von Dingen und Menschen
- haben oft viele breit gestreute Interessen, die sie alle eher oberflächlich verfolgen.

Wenn es Ihnen aufgrund dieser Aussagen nicht möglich ist, sich tendenziell entweder der Introversion oder der Extraversion zuzuordnen, können Sie dies mit Hilfe der folgenden Tabelle tun.

Worauf lenke ich und woher erhalte ich Energie?
Extraversion (E) oder Introversion (I)?

(E) Auf Partys kann ich ganz natürlich sein.
(I) Zu Hause kann ich ganz natürlich sein.

(E) Ich brauche es, oft von anderen Menschen umgeben zu sein.
(I) Ich brauche häufig Zeit für mich allein.

(E) Ich knüpfe schnell neue Kontakte und Beziehungen zu fremden Leuten.
(I) Ich bin vorsichtig, wenn ich Fremde treffe und Beziehungen beginne.

(E) Ich spreche meist sofort laut aus, was ich denke.
(I) Ich überlege, bevor ich meine Meinung sage.

(E) Ich habe sehr viele Bekannte und gute Freunde.
(I) Ich habe wenige Bekannte und gute Freunde.

(E) Meine Freunde kennen mich sehr gut und wissen, was ich denke.
(I) Meine Freunde kennen mich zwar, wissen aber oft dennoch nicht, was ich denke.

(E) Ich versinke häufig in meinen Aktivitäten.
(I) Ich versinke häufig in meinen Gedanken.

(E) Ich rede mehr, als ich anderen zuhöre.
(I) Ich höre anderen mehr zu, als ich selbst rede.

(E) Mit anderen Leuten zusammen zu sein gibt mir neue Energie.
(I) Meinen Gedanken nachzugehen gibt mir neue Energie.

(E) Ich konzentriere mich auf Aktivitäten und Handlungen.
(I) Ich konzentriere mich auf Gedanken und Ideen.

(E) Ich kann Menschenmengen und Lärm über lange Zeit gut ertragen.
(I) Ich vermeide Menschenmengen und suche Ruhe.

(E) Ich werde unruhig, wenn ich lange alleine bin.
(I) Ich werde unruhig, wenn ich nicht genug Zeit für mich allein habe.

(E) Ich reagiere schnell und zweckmäßig.
(I) Ich denke vorher nach und bin oft vorsichtig.

(E) Auf Partys komme ich mit fast allen Gästen in Kontakt.
(I) Auf Partys komme ich nur mit ein paar ausgesuchten Leuten in Kontakt.

(E) Ich teile persönlichen Raum und Zeit problemlos mit anderen.
(I) Ich brauche meinen eigenen persönlichen Raum und viel Zeit für mich allein.

II. Das zweite Gegensatzpaar: Sensing (S) und Intuition (N)

Knapp 75 % der Bevölkerung sind Sensors, nur knapp 25 % sind Intuitive. Sensors (,Wahrnehmende, Empfindende') und Intuitive unterscheiden sich vor allem durch ihre Art der Informationsaufnahme. Sensors verlassen sich in erster Linie auf die Informationen, die sie primär durch die fünf Sinne erhalten, d. h. auf das, was sie sehen, hören, riechen, schmecken oder ertasten. Intuitive hingegen erachten jene Informationen als besonders wertvoll, die sie durch eine Art »sechsten Sinn« erhalten, nämlich durch ihre Intuition. Für sie ist nicht so sehr bedeutsam, was ist, sondern vielmehr, was sein könnte. Der Unterschied zwischen Sensors und Intuitiven markiert den größten Unterschied zwischen den 4 Gegensatzpaaren, denn er betrifft unsere gesamte Weltsicht.

Im Detail bedeutet das:
Sensors (S)
- vertrauen dem, was gemessen und dokumentiert werden kann und verlassen sich dabei auf bereits Erprobtes
- merken sich viele Fakten und arbeiten auch gerne mit ihnen
- sind sehr an Details interessiert
- sind tendenziell eher gegenwarts- und vergangenheitsorientiert
- konzentrieren sich auf die Realität und auf das, was im Moment vor sich geht
- sehen »die Bäume«, weniger »den Wald«
- denken linear
- erledigen Routineaufgaben meist problemlos, mögen sie oft sogar
- sind an Vertrautem, Bekanntem und Bewiesenem, bereits Erfundenem und Entdecktem interessiert.

Intuitive (N)
- interessieren sich weniger für die exakten Fakten an sich, sondern vielmehr für (versteckte) Bedeutungen, Beziehungen und Verbindungen zwischen den Dingen; sie vertrauen dabei ihrer Intuition
- interpretieren Fakten lieber, als sie auswendig zu lernen; arbeiten gerne mit Ideen und Theorien

- sind stark am »großen Ganzen«, am Gesamtbild interessiert und halten sich nicht gerne mit »langweiligen Details« auf
- finden die Zukunft und ihre Möglichkeiten oft spannender als die Gegenwart
- konzentrieren sich auf Möglichkeiten und stellen Assoziationen her, haben eine reiche Vorstellungskraft
- sehen »den Wald«, weniger »die Bäume«
- denken mit Gedankensprüngen
- finden Routineaufgaben meist furchtbar langweilig
- lieben meist Theorien und Konzepte, weil sie Möglichkeiten beinhalten.

Auf welche Art nehme ich Informationen auf?
wahrnehmend (S) oder intuitiv (N)?

(S) Ich achte besonders auf Details.
(N) Das Gesamtbild ist wichtiger als Details.

(S) Ich interessiere mich vor allem für die aktuelle Gegenwart.
(N) Ich interessiere mich oft mehr für zukünftige Möglichkeiten.

(S) Ich erledige gern tägliche Routinearbeiten.
(N) Ich brauche Abwechslung beim Arbeiten.

(S) Ich handle meist praktisch und sinnvoll.
(N) Ich handle intuitiv nach meinen Vorstellungen.

(S) Ich sehe Beziehungen realistisch, oft pessimistisch.
(N) Ich sehe Beziehungen optimistisch, oft auch unrealistisch.

(S) Ich rede gerne über konkrete praktische Dinge, über das Hier und Jetzt.
(N) Ich rede gerne über die Zukunft bzw. darüber, wie man etwas verbessern oder neu machen könnte.

(S) Ich verlasse mich auf meine fünf Sinne, um zu wissen, was gerade los ist.
(N) Ich verlasse mich auf meine Ahnungen, um zu wissen, was los sein könnte.

(S) Ich bin zufrieden und akzeptiere das Leben so, wie es ist.
(N) Ich interessiere mich sehr dafür, wie man das Leben ändern könnte.

(S) Ich werde kreativ durch Routine und Arbeit.
(N) Ich werde kreativ durch Einblicke und Inspiration.

(S) Ich benutze häufig detaillierte Beschreibungen.
(N) Ich benutze häufig Metaphern und Vergleiche.

Auf welche Art nehme ich Informationen auf?
wahrnehmend (S) oder intuitiv (N)?

(S) Ich weiß, was in einer Beziehung realistisch ist.

(N) Ich träume von der idealen Beziehung.

(S) Beim Arbeiten nutze ich meine bisherige Erfahrung.

(N) Ich mache Dinge oft anders, als es mir meine bisherige Erfahrung vorschreibt.

(S) Ich misstraue meinen Eingebungen, ignoriere sie und folge den Tatsachen.

(N) Ich folge meinen Eingebungen, ungeachtet der Tatsachen.

(S) Ich bevorzuge praktische Arbeit.

(N) Ich bevorzuge innovative Arbeit.

III. Das dritte Gegensatzpaar: Thinking (T) und Feeling (F)

Denk- und Fühltypen sind relativ gleichmäßig verteilt. Thinker und Feeler sind aber das einzige Gegensatzpaar des Enneagramms bei dem es deutliche Geschlechtsunterschiede gibt. So sind etwa 2/3 der Männer Thinker, während ebenfalls etwa 2/3 der Frauen Feeler sind.[51] Unter den Hochsensiblen sind Fühltypen deutlich in der Mehrheit. Es gibt jedoch auch Hochsensible, die ausgeprägte ‚Thinker' sind. Die Begriffe »Denk- und Fühltypen« bzw. »Thinker« und »Feeler« sind etwas irreführend, da es keineswegs so ist, dass Fühltypen etwa nicht denken oder Denktypen womöglich nicht fühlen. Denk- und Fühltypen unterscheiden sich primär in ihren unterschiedlichen Arten, Entscheidungen zu treffen. Denktypen treffen objektive, unpersönliche, gerechte Entscheidungen auf der Grundlage von Fakten, während Fühltypen subjektive, persönliche Entscheidungen auf der Grundlage ihrer Gefühle treffen.

Im Detail bedeutet das:

Thinker (T)

• basieren Entscheidungen auf Fairness und weniger darauf, was jemanden glücklich macht

---

51 Diese Daten stammen ebenfalls aus obengenannter Zufallsstichprobe.

- treten bei der Entscheidungsfindung einen Schritt zurück und schalten auf Logik: Was sollte logischerweise getan werden? Was macht Sinn? Sie entpersonalisieren die Situation.
- können so analytisch sein, dass sie kalt wirken
- können natürlich sehr freundlich sein, aber für gewöhnlich sind sie dabei dennoch unpersönlicher und wirken daher etwas »kühler« als ,Feeler'
- sind oft motiviert vom Wunsch, etwas zu leisten und zu erreichen
- sind direkt, äußern auch Kritik direkt, vergessen öfters auf positives Feedback
- debattieren zuweilen ganz gern, sehen das nicht als Streit, sondern als intellektuelle Debatte, die sie nicht persönlich nehmen
- sind leichter durch logische Argumente zu gewinnen
- nehmen Kritik selten persönlich
- wollen vermeiden, dass man in Konfliktsituationen emotional wird (bleiben selbst sehr sachlich).

Feeler (F)

- bevorzugen Harmonie gegenüber harter Fairness bei der Entscheidungsfindung
- treten bei der Entscheidungsfindung einen Schritt vor und schalten auf Gefühl: Was fühlt sich besser an? Was sagen mir meine persönlichen Werte? Wie wird die Entscheidung mich und andere beeinflussen? Sie personalisieren die Situation.
- Takt (auch wenn eine Notlüge erforderlich ist) ist ihnen wichtiger als Ehrlichkeit um jeden Preis
- sind oft persönlich so stark involviert, dass sie überemotional reagieren
- sind persönlicher als ,Thinker', zeigen stärker ihre Gefühle und geben schneller Persönliches preis
- machen gern Komplimente und sind diplomatischer
- debattieren äußerst ungern, empfinden das als zu konfliktreich, vermeiden Konflikte tunlichst
- nehmen Kritik meist persönlich
- werden in Konfliktsituationen emotional (empfinden es als kalt und beleidigend, wenn jemand dabei ohne Emotionen bleibt)

Wie fälle ich Entscheidungen? Thinking (T) oder Feeling (F)?

(T) Ich entscheide meist logisch.
(F) Ich entscheide meist gefühlsmäßig.

(T) Ich denke mehr mit dem Kopf.
(F) Ich denke mehr mit dem Herzen.

(T) Ich bemerke unlogisches Denken oder Verhalten anderer.
(F) Ich bemerke es, wenn andere Unterstützung brauchen.

(T) Ich toleriere es, wenn andere ihre Gefühle zeigen.
(F) Ich begrüße es, wenn andere ihre Gefühle zeigen.

(T) Ich lasse mich nicht leicht von anderen verletzen.
(F) Ich fühle mich leicht von anderen verletzt.

(T) Mein Partner muss intellektuell zu mir passen.
(F) Mein Partner muss emotionell zu mir passen.

(T) Ich verhalte mich möglichst logisch und sinnvoll.
(F) Ich verhalte mich möglichst herzlich und empfindsam.

(T) Wahrheit ist wichtig.
(F) Harmonie ist wichtig.

(T) Ich kritisiere und bemerke Negatives an anderen.
(F) Ich übersehe die negativen Seiten der Leute.

(T) Ehrlichkeit ist wichtiger als Taktgefühl.
(F) Taktgefühl ist wichtiger als Ehrlichkeit.

(T) Ich konzentriere mich auf Prinzipien.
(F) Ich konzentriere mich auf persönliche Motive.

(T) Ich bin für Gerechtigkeit in Bezug auf andere.
(F) Ich habe oft Mitleid mit anderen.

(T) Ich gehe objektiv und kritisch mit den Ideen anderer um.
(F) Ich begeistere mich mit anderen für ihre Ideen.

(T) Ich überzeuge mit logischer Argumentation.
(F) Ich überzeuge andere mit persönlich bedeutsamer, enthusiastisch kommunizierter Information.

(T) Ich zeige meine Fürsorge eher unpersönlich.
(F) Ich zeige meine Fürsorge durch persönliche Gespräche und Aktionen.

(T) Ich toleriere gelegentliche Emotionalität.
(F) Ich begrüße häufige Emotionalität.

(T) Ich orientiere mich nach meinen Aufgaben.
(F) Ich orientiere mich nach meinen Beziehungen.

Wie fälle ich Entscheidungen? Thinking (T) oder Feeling (F)?
(T) Ich mag Harmonie, lasse mich davon aber nicht bei der Arbeit beein-flussen.
(F) Ich brauche Harmonie, um möglichst effektiv arbeiten zu können.
(T) Ich entscheide logisch und übersehe manchmal die Wünsche anderer.
(F) Ich lasse mich von den Wünschen anderer bei meinen Entscheidungen beeinflussen.
(T) Bei Entscheidungen stütze ich mich auf Prinzipien und Wahrheiten.
(F) Ich stütze mich bei Entscheidungen auf menschliche Bedürfnisse und Werte.

IV. Das vierte Gegensatzpaar: Judging (J) und Perceiving (P) – entscheidend vs. hinnehmend

Das Mengenverhältnis zwischen Judgern und Perceivern beträgt etwa 60% zu 40%. Unter den Hochsensiblen ist dieses Verhältnis noch ausgewogener. Judger unterscheiden sich von Perceivern im Wesentlichen durch den Lebensstil, den sie bevorzugen: Judger sind urteilend-planende, Perceiver wahrnehmend-spontane Persönlichkeiten.

Im Detail bedeutet das:
Entscheider (J)
• bevorzugen einen strukturierten und geplanten Lebensstil
• sind keine großen Freunde von Überraschungen
• sind froh, wenn Entscheidungen getroffen sind und fühlen sich unwohl, bis eine Entscheidung fällt
• machen gerne Pläne und halten sich daran; mögen es gar nicht, wenn Pläne kurzfristig geändert werden
• erhalten mehr Energie durch das Beenden als durch das Starten eines Projektes
• verwenden oft Worte wie »definitiv«, »eindeutig«, »völlig«, »total« und sprechen generell, da sie eine definitivere Haltung den Dingen gegenüber einnehmen
• haben Situationen gerne unter Kontrolle
• nehmen Termine sehr ernst

Wahrnehmer (P)

- bevorzugen einen flexiblen und spontanen Lebensstil
- mögen Überraschungen
- sind froh, wenn sie keine Entscheidungen treffen müssen bzw. wenn sie Entscheidungen hinauszögern können
- sehen die Zeit oft davonlaufen und sind häufig unpünktlich
- sind häufig eher unordentlich und unorganisiert
- machen ungern Pläne, weil sie sich dadurch eingeschränkt fühlen; schauen lieber, was sich so ergibt
- erhalten mehr Energie durch das Starten als durch das Beenden eines Projektes
- verwenden oft Worte wie »weiß nicht«, »soweit ich weiß«, »ich könnte falsch liegen, aber...«
- finden es häufig angenehm, anderen die Kontrolle zu überlassen
- überschreiten Fristen öfters

Wie organisiere ich meine Welt?
Als Entscheider (J) oder als Wahrnehmer (P)?

(J) Ich plane gerne im Voraus.
(P) Ich lasse lieber alles auf mich zukommen.

(J) Ich bin so gut wie immer pünktlich.
(P) Ich schaffe es oft nicht, pünktlich zu sein.

(J) Ich schreibe mir Einkaufszettel und diverse Checklisten.
(P) Ich gehe spontan einkaufen und schreibe kaum Checklisten.

(J) Ich bringe lieber etwas zu Ende.
(P) Ich fange lieber etwas Neues an.

(J) Ich bin ordentlich und organisiert.
(P) Ich bin unordentlich und eher chaotisch.

(J) Mir ist lieber, wenn ich weiß, was mich erwartet.
(P) Ich warte lieber ab, was auf mich zukommt.

(J) Was geplant ist, sollte man auch einhalten.
(P) Pläne können jederzeit verändert werden.

(J) Vor einem Spontanurlaub müsste ich erst meinen Zeitplan überprüfen.
(P) Bei einem Spontanurlaub wäre ich sofort dabei.

(J) Das Leben sollte organisiert und geplant sein.
(P) Das Leben sollte spontan und flexibel sein.

Wie organisiere ich meine Welt?
Als Entscheider (J) oder als Wahrnehmer (P)?

(J) Ich fälle gerne klare Entscheidungen.
(P) Ich halte mir lieber alle Möglichkeiten offen.

(J) Ich strebe nach einem geordneten Leben nach meinen Plänen.
(P) Ich halte mein Leben so flexibel wie möglich, um nichts zu verpassen.

(J) Ich wünsche mir, immer das Richtige zu tun.
(P) Ich wünsche mir, viele Erfahrungen zu machen und nichts zu versäumen.

(J) Ich bin zielbewusst, diszipliniert und genau.
(P) Ich bin tolerant und anpassungsfähig.

(J) Erst die Arbeit, dann das Vergnügen.
(P) Arbeit und Vergnügen kann man verbinden.

(J) Ich fühle mich wohl in traditionellen Beziehungsformen.
(P) Ich fühle mich eingeschränkt durch traditionelle Beziehungsformen.

(J) Ich mag die Sicherheit und Stabilität einer festen Beziehung.
(P) Ich mag Veränderungen und Neues in meinen Beziehungen.

(J) Ich übersehe oft neu auftauchende Dinge, weil ich meine momentanen Aufgaben beenden will.
(P) Ich verschiebe momentane Aufgaben, um auf aktuelle Bedürfnisse einzugehen.

(J) Ich entscheide schnell.
(P) Ich schiebe Entscheidungen hinaus.

Je nachdem für welchen der beiden Gegensatzpole Sie sich jeweils stärker entschieden haben, erhalten Sie einen Buchstaben (E oder I für Extra- oder Introversion, S oder N für Sensing oder Intuition, F oder T für Feeling oder Thinking und J oder P für Judging oder Perceiving). Diese Buchstabenreihenfolge ergibt Ihren Charakter-Typ (also beispielsweise ENFJ oder ISTP).

Nun, da die eigene Typen-Zugehörigkeit geklärt ist, wenden wir uns den einzelnen Temperamenten, ihren Arbeitsstilen sowie ihrem Stressverhalten zu. Falls Sie Ihre Zugehörigkeit nicht klären konnten oder genauer prüfen wollen, so können Sie sich an einen lizenzierten MBTI-Berater wenden oder einen Test im Internet oder in einem der zahlreichen Bücher zum Thema absolvieren – Tipps dazu finden Sie am Ende dieses Buches in der Bibliografie. Manche Menschen ordnen sich je nach Tagesverfassung unterschiedlichen Typen zu. Diese sind jedoch eng begrenzt, es werden also nur einige wenige und nahe verwandte Typen sein. Die meisten Personen haben über Jahre hinweg die gleichen Ergebnisse. Falls Sie den Test öfter machen, wird sich »Ihr« Typ immer klarer herauskristallisieren.

Ein Großteil aller Hochsensiblen gehört einem der folgenden Typen an: INFP, INFJ, ISFJ, INTJ, INTP sowie die extravertierten ENFJ und ENFP. Aus diesem Grund werden nun diese 7 Charakter-Typen im Hinblick auf ihre Stärken und Schwächen im Berufsleben näher beleuchtet:

Wir beginnen mit den 5 introvertierten Charaktertypen.

INFP – (introvertiert – intuitiv – fühlend – wahrnehmend)

INFP sind die idealistischsten aller Idealisten. Sie werden absolut von ihren persönlichen Werten angetrieben, sind extrem sensibel und fühlen sehr tief. Innere Harmonie ist ihnen das Wichtigste. Sie sind der unpraktischste aller Typen. Von tiefen persönlichen Überzeugungen angetrieben, verschreiben sie sich Dingen, die ihnen wichtig und wertvoll erscheinen. Von Typen-Experten werden sie gelegentlich »Ethiker« oder auch »Lyriker« genannt. Meist sind sie nachdenklich, sprechen leise, verwenden Sprache vorsichtig und haben oft Talent zur Poesie oder zu kreativem Schreiben. Sie sind neugierig, selten aggressiv, kaum ehrgeizig, außer es geht um ihre eigenen Projekte, an die sie glauben. Dafür können sie unermüdlich arbeiten. INFP helfen anderen gerne, sie sind die typischen Berater. Ihr wahres Selbst teilen sie aber nur mit ganz wenigen, für sie wichtigen Menschen. Sie sind sehr sensibel und einfühlsam für die Gefühle anderer, vermeiden Konflikt und drücken ihre Gefühle oft lieber schriftlich aus. INFP arbeiten am besten wenn sie einem Ideal folgen, oft im Servicebereich. Routine oder Arbeit um der Arbeit willen sind für diesen Typ besonders schlimm. Ihre Arbeit muss ihren persönlichen Werten entsprechen. Ihr Motto könnte lauten: »leben und leben lassen«. Unstimmigkeiten stressen INFP sehr.

Berufszufriedenheit bedeutet für einen INFP

- Arbeit, bei der man Zeit hat, seine Ideen gut auszuarbeiten und bei der man Kontrolle über den Arbeitsprozess und dessen Ergebnisse hat
- eine Tätigkeit, bei der die Gelegenheit besteht, die eigenen Ideen ab und zu mit Menschen zu besprechen, die den INFP respektieren
- Arbeit, bei der man seine Originalität zum Ausdruck bringen kann und in der persönliches Wachstum gefördert und geschätzt wird
- flexible Arbeitsstrukturen mit nur minimalen Regeln
- die Möglichkeit, primär dann an Projekten zu arbeiten, wenn man inspiriert ist
- Arbeit, bei der man eigene Ideale anstreben kann – ohne politische, finanzielle oder andere Barrieren.

Beliebte INFP-Berufe sind

Kreativbereich / Kunst: Schriftsteller, Poet, Journalist, Entertainer, Architekt, Schauspieler, Verleger, Musiker, Grafikdesigner, Komponist, Webgestalter, Ausstatter (Film und Theater), Innenarchitekt.

Erziehung / Beratung: Universitätsprofessor (v.a. Kunst, Humanwissenschaften), Recherche, klinischer Psychologe, Berater, Sozialarbeiter, Bibliothekar, Sonderschullehrer, Übersetzer, Karrierecoach.

Religion: Priester, Missionar, Pastoralangestellter.

Gesundheitswesen: Diät- und Ernährungsberater, Physiotherapeut, Masseur, Kunsttherapeut, Alternativmediziner.

Sonstiges: Sozialwissenschaftler, Diversity Manager, Human Resources Manager, Konfliktberater, Teamtrainer, Coach, Projektmanager.

Die beruflichen Stärken der INFP sind

- Erkennen von noch nicht deutlich ersichtlichen Möglichkeiten
- gute schriftliche Ausdrucksfähigkeit
- offenes Zeigen ihres Enthusiasmus (sofern vorhanden)

- Tiefgang und die Fähigkeit, sich gut auf ein Thema, Projekt etc. zu konzentrieren
- unkonventionelle Ideen
- natürliche Neugierde
- die Fähigkeit, das »große Ganze« zu sehen und Auswirkungen von Aktionen und Ideen vorherzusehen
- Anpassungsfähigkeit, schnelle Änderung von Denkrichtungen u.ä. möglich

Die beruflichen Schwächen der INFP sind
- die Tendenz, Kritik persönlich zu nehmen
- unrealistische Erwartungen an sich selbst und die Jobsuche zu stellen
- so lange zu reflektieren, dass sie nie aktiv werden
- das Bedürfnis, Projekte zu kontrollieren und der Verlust des Interesses wenn sie keine Kontrollmöglichkeit haben
- Tendenz zu schlechter Organisation und Schwierigkeit, Prioritäten zu setzen
- Schwierigkeiten, an Projekten zu arbeiten, die mit den eigenen Werten nicht im Einklang sind
- Schwierigkeiten, in Wettbewerbssituationen oder konfliktbelasteter Atmosphäre zu arbeiten
- zu wenig Disziplin, sich wichtigen Details aufmerksam und länger zu widmen
- Schwierigkeiten, andere zu kritisieren, auch wenn dies nötig wäre

- Erlernen Sie Techniken, die sicherstellen, dass Sie Dinge rechtzeitig zu Ende bringen und halten Sie sich an diese Techniken.
- Durchdenken Sie die Konsequenzen möglicher Aktionen und achten Sie nicht ausschließlich auf Ihre diesbezüglichen Gefühle.
- Delegieren Sie Routinearbeiten und Details, wenn möglich.
- Belegen Sie, wenn Sie sich dafür interessieren, einen Kurs in Konfliktmanagement oder Mediation. INFP sind in diesen Bereichen oft sehr begabt.
- Überlegen Sie sich, ob Sie in Ihrem Spezialgebiet Trainer oder Coach werden möchten und könnten.
- Wenn Ihnen die Möglichkeit zu flexiblen Arbeitszeiten geboten wird, ergreifen Sie diese.
- Erledigen Sie, wenn dies möglich ist, einen Teil der Arbeit zuhause.

INFJ – introvertiert – intuitiv – fühlend – beurteilend

INFJ sind komplexe, kreative Menschen mit tiefen Gefühlen und starken Überzeugungen. In sozialen Situationen sind sie eher reserviert und fühlen sich nicht sonderlich wohl. Sie sind unabhängige, originelle Denker mit starker persönlicher Integrität, die von einer inneren Vision motiviert werden. INFJ befinden sich auf ständiger Suche nach Bedeutung und Lebenssinn. Ganz wichtig ist ihnen, sich stets selbst treu zu bleiben. Sie schätzen Integrität, Originalität und Einzigartigkeit. Sie sind oft hochbegabte Kommunikatoren (häufig vor allem schriftlich), die, wenn sie aus tiefer Überzeugung agieren, sehr enthusiastisch und mitreißend sein können. Dieser Typ wird von manchen Beratern als »Humanist« oder auch »Berater« bezeichnet. INFJ denken viel über global Bedeutendes nach, über Dinge, welche die Menschheit betreffen. Sie können oft sehr rasch erkennen, was für die Allgemeinheit gut wäre. Außerdem sind sie empathisch und mitfühlend. Diese sehr komplexen Persönlichkeiten können reserviert wirken, öffnen sich aber Menschen, denen sie vertrauen. Sie sind Bewohner einer Welt voller Ideen.

Am liebsten sind sie immer mit nur einer Person zusammen. Sie sind gute Zuhörer und können kreative Problemlösungen finden. Außerdem sind sie gerne Vordenker und überlassen die Details lieber anderen. Sie sehen aufgrund ihrer introvertierten Intuition, wie man etwas effektiver, anders oder besser machen und gestalten kann. Außerdem haben sie das Talent, Verbindungen zwischen verschiedenen Konzepten sehr schnell zu erkennen. Ihre diesbezüglichen Erkenntnisse möchten sie auch mit anderen teilen.

Die Hauptenergie der INFJ geht in Richtung »Bedingungen verbessern« und ist vor allem auf menschliche Bedingungen gerichtet. Probleme mit globalen oder weitreichenden Auswirkungen kreativ zu lösen ist etwas, das ihnen ganz besonders liegt, da sie dabei ihr größtes Potential voll ausschöpfen und weiterentwickeln können. Sie helfen gerne anderen, sich positiv zu entwickeln und Erfüllung zu finden.

INFJ nehmen ihre Umgebung radarartig wahr. Diese Fähigkeit kann als Frühwarnsystem etwa für Fehlentwicklungen dienen. Sie suchen ständig nach Wachstum und persönlicher Entwicklung. Sie stehen sehr loyal zu Menschen, denen sie sich verbunden fühlen.

Berufszufriedenheit bedeutet für einen INFJ

- neue Ideen und Zugänge zu Problemen finden zu können, am besten so, dass dadurch anderen in ihrer Selbstfindung, ihrer Erkenntnis oder ihrem geistigen Wachstum geholfen wird
- ein Produkt oder eine Dienstleistung hervorbringen zu können, an das/die man glaubt und worauf man selbst stolz ist
- als Urheber dieser Verdienste geschätzt und anerkannt zu werden
- mit jeweils nur einer Person zusammen zu arbeiten
- sich die Arbeitszeit und -umgebung selbst einteilen zu können
- in freundlicher, spannungsfreier Atmosphäre zu arbeiten, wo die eigenen Ideen geschätzt werden
- Kontrolle sowohl über den Arbeitsprozess als auch über das Produkt bzw. das Ergebnis der Arbeit zu haben
- die eigene Kreativität in alles einfließen lassen können, was man tut

Beliebte INFJ-Berufe sind

Beratung / Erziehung: Klinischer Psychologe, Entwicklungspsychologe, Lehrer an höherbildenden Schulen (v.a. Kunst, Musik, Sozialwissenschaften), Erziehungsberater, Bibliothekar, Sonderschullehrer, Soziologe, Trainer, Recherche, Priester, kirchlicher Dienst, Universitätsprofessor.

Kunst und Kreativbereich: Schriftsteller, Innenarchitekt, Designer, Verleger, Ahnenforscher, Dokumentarfilmer, Ausstatter (Film und Theater).

Gesundheits- und Sozialbereich: Mediator, Sozialwissenschaftler, Sozialarbeiter, Ernährungsberater, Massagetherapeut, Chiropraktiker, Alternativmediziner, Krisenberater.

Businessbereich: Human Resources Manager, Umweltanwalt, Übersetzer, Diversity Manager, Coach.

Die beruflichen Stärken der INFJ sind
- Planen
- das, woran sie glauben, anderen vermitteln
- Empathie und die Fähigkeit, die Bedürfnisse und Motivationen von Menschen zu erkennen
- großer Enthusiasmus und Engagement bei Projekten, an die sie glauben
- das Voraussehen von Trends und zukünftigen Bedürfnissen und das Erkennen von Möglichkeiten
- Integrität, die Menschen dazu bringt, ihre Ideen wertzuschätzen
- Kreativität und die Fähigkeit, originelle Problemlösungen zu finden
- die Fähigkeit, Komplexes zu verstehen
- Interesse an anderen und daran, anderen zu helfen, zu wachsen und sich zu entwickeln

Die beruflichen Schwächen der INFJ sind
- Zielstrebigkeit, Beharrlichkeit und Unbeirrbarkeit, die in Inflexibilität münden könnten
- Schwierigkeiten in Umgebungen mit starkem Konkurrenzdruck oder in spannungsgeladener Atmosphäre zu arbeiten

- Widerstand gegen das Revidieren einmal getroffener Entscheidungen
- Schwierigkeiten, Pläne oder eingeschlagene Richtungen schnell zu ändern
- ihre Tendenz, bewertend zu sein
- Schwierigkeiten, mit Konflikten umzugehen
- Schwierigkeiten, Untergebene objektiv und direkt zu disziplinieren
- große Ablehnung gegen Routinearbeiten ohne »tieferen Sinn«

Wichtig ist auch, dass sie üben, etwas objektiver zu sein, d. h. auch objektive Daten bei Entscheidungsfindungen zu beachten und nicht ausschließlich die eigenen Gefühle zu befragen. Außerdem sollten INFJ darauf achten, dass sie sich nicht beim Möglichkeiten-»Spinnen« verheddern und nie etwas wirklich tun. Hilfreich kann sein, sich einen Zeitplan zu erstellen, wann was getan werden muss.

Tipps für das Berufsleben der INFJ

- Achten Sie darauf, genügend Zeit zu haben, in der Sie nicht unterbrochen werden, um in Ruhe denken zu können. Schließen Sie die Bürotüre, und gehen Sie, wenn möglich, nicht ans Telefon.
- Arbeiten Sie, soweit dies möglich ist, immer nur an einem großen Projekt auf einmal.
- Hören Sie sich die Ideen anderer kreativer Leute an.
- Achten Sie besonders auf die Balance zwischen Arbeits- und Privatleben.
- Versuchen Sie, sich in persönliche Konflikten unter Kollegen nicht ungewollt hineinziehen zu lassen.
- Überlegen Sie, ob es möglich wäre und Ihnen zusagen würde, Trainer oder Coach in Ihrem Spezialbereich zu werden.

ISFJ – introvertiert – wahrnehmend – fühlend – beurteilend

ISFJ sind loyale, mitfühlende, verantwortungsbewusste Menschen. Sie sind realistisch und mögen den Umgang mit Realem und Fakten. Sie erinnern sich gut an Details und sind sehr geduldig, auch beim Erledigen von Routineaufgaben. Sie mögen Klarheit und wollen stets wissen, woran sie sind. Wenn sie sehen, dass sie helfen können, übernehmen sie gerne die Verantwortung. Sie sind genau und arbeiten systematisch. Häufig sind sie eher konservativ und hängen an alten Werten. Sie arbeiten hart und sind ruhige und bescheidene Persönlichkeiten. Außerdem sind sie freundlich, taktvoll und sehr daran interessiert, anderen Menschen auf praktische Weise zu helfen. Manche Typenberater nennen sie die »Beschützer« oder »Bewahrer«. Sie kommunizieren mit persönlicher Wärme und haben ein großes Herz für Notleidende.

Das »große Ganze« zu sehen zählt nicht zu den Stärken der ISFJ. Lieber konzentrieren sie sich auf Details. Ähnliche Arbeiten erledigen sie stets gerne auf die gleiche Weise. Experimente liegen ihnen nicht besonders. Sie müssen darauf achten, nicht übervorteilt zu werden, da sie dazu tendieren, alles selbst zu machen und sich sehr viel Arbeit aufzubürden.

Berufszufriedenheit bedeutet für einen ISFJ
- mit Fakten und Details arbeiten zu können
- an Projekten mitzuwirken, mit denen anderen Menschen geholfen wird
- in geschützter Atmosphäre arbeiten zu können, in der sie sich ohne häufige Unterbrechungen gut konzentrieren können
- mit Menschen zusammenzuarbeiten, welche die eigenen Ansichten und Werte teilen
- sichtbare, deutliche und praktische Endresultate hervorzubringen
- sich immer nur auf ein Projekt auf einmal konzentrieren zu müssen
- hinter den Kulissen engagiert arbeiten zu können und dafür wertgeschätzt zu werden
- in stabiler, traditionell strukturierter Umgebung zu arbeiten

Beliebte ISFJ-Berufe sind

Gesundheitswesen: Krankenschwester/Pfleger, Physiotherapeut, Zahnarzt, Biochemiker, Masseur, Tierarzt, Ernährungsberater, Hospizmitarbeiter

Sozialbereich und Erziehung: Volksschullehrer, Kindergärtner, Sozialarbeiter, persönlicher Berater, Sprachtherapeut, Historiker, Bibliothekar, Archivar, Heimhelfer

Businessbereich: Sekretär, Museumsführer, persönlicher Berater

Kreativer und technischer Bereich: Dekorateur, Elektriker, Musiker, Goldschmied

Die beruflichen Stärken der ISFJ sind
- die Fähigkeit, sehr effizient und pflichtbewusst zu arbeiten
- große Konzentrationsfähigkeit
- verantwortungsbewusstes Handeln
- sehr praktische und realistische Einstellung
- exakter Umgang mit Fakten und Details
- große Hilfsbereitschaft
- gutes Organisationstalent
- große Loyalität zur eigenen Firma
- die Geduld, sich häufig wiederholende Tätigkeiten stets korrekt zu erledigen
- Respekt vor Status und Titel

Die beruflichen Schwächen der ISFJ sind
- die Tendenz, den eigenen Wert zu unterschätzen
- Widerwillen gegen neue, noch nicht getestete Ideen
- große Sensibilität bei Kritik
- in gespannter Atmosphäre nur sehr schlecht arbeiten zu können
- Schwierigkeiten, sich Auswirkungen bestimmter Aktionen auf die Zukunft vorzustellen (arbeiten daher lieber nur an einzelnen Details)
- die Tendenz, sich zuviel aufzubürden
- geringe Anpassungsfähigkeit, wenig Flexibilität
- schnelle Überforderung bei zu vielen Projekten auf einmal

- Schwierigkeiten, von einmal gefassten Entscheidungen wieder zurückzutreten
- rasche Entmutigung, wenn sie sich nicht mehr gebraucht fühlen

Tipps für das Berufsleben der ISFJ

- Achten Sie darauf, stets offen für neue Möglichkeiten zu bleiben und nicht in allzu starres Denken zu verfallen.
- Versuchen Sie, Kritik nicht persönlich zu nehmen.
- Versuchen Sie, Konflikte mit Vorgesetzten oder Kollegen in Ruhe zu klären.
- Setzen Sie sich realistische Ziele.
- Hüten Sie sich davor, in Schwarz-Weiß-Denken zu verfallen.
- Arbeiten Sie an Ihrem Selbstbewusstsein und daran, bestimmt auftreten zu können.

INTJ – introvertiert – intuitiv – intellektuell – beurteilend

INTJ sind die unabhängigsten aller Typen. Sie sind Perfektionisten mit starkem Streben nach Autonomie und persönlicher Kompetenz. INTJ fordern viel von anderen und von sich selbst. Kritik trifft sie nicht besonders hart. Sie machen alles gerne auf ihre eigene Art, sind an globalen Konzepten interessiert und gute strategische Denker. Deshalb gaben manche Typ-Berater diesem Typus den Namen »Mastermind«. Sie sind ruhig, reserviert, eher unpersönlich und formal in ihrem Umgang mit anderen, werden aber »wärmer«, wenn sie über Projekte reden, die ihnen wichtig sind oder worüber sie großes Wissen haben. Am wohlsten fühlen sie sich in der Welt der Intellektuellen, am wenigsten interessieren sie Details von Projekten. Sie können mit inkompetenten, unverständigen Personen sehr ungeduldig sein.

INTJ sehen die Welt als Objekt endloser Möglichkeiten. Unabhängigkeit ist die Kraft, die sie am stärksten antreibt. Sie suchen gerne Lösungen für komplexe Probleme und wollen alles verbessern, selbst da, wo es gar nicht nötig wäre. Teamarbeit zählt nicht zu ihren Stärken, dafür können sie sehr gut alleine arbeiten. Sie sind gute

Lehrer, vor allem in höheren Schulen und Universitäten, denn INTJ lieben Umgebungen, die hohe intellektuelle Ziele fördern und intellektuelle Herausforderungen bieten. Sie brauchen Kollegen, deren Kompetenz sie respektieren, intellektuelle Herausforderung und Möglichkeiten zum intellektuellen Wachstum.

Berufszufriedenheit bedeutet für einen INTJ

- originelle, innovative Problemlösungen finden zu können, um existierende Systeme zu verbessern
- ihre Energie in Ideen fließen zu lassen und auf logisch-strukturierte Weise arbeiten können
- mit anderen Leuten arbeiten zu können, deren Expertentum, Intelligenz und Kompetenz man schätzt
- die eigenen, originellen Ideen werden geschätzt, und über ihre Umsetzung behält man die Kontrolle
- die Möglichkeit, die eigene Kompetenz zu erweitern und das Erhalten von stets neuesten Informationen
- keine sich oft wiederholenden Detailarbeiten
- faire Bedingungen für alle, d.h. die Arbeitsleistung soll anhand objektiver und nicht persönlicher Kriterien gemessen werden.

Beliebte INTJ- Berufe sind

Technologie: Wissenschaftler, Computertechniker, Astronom, Software-Entwickler, Netzwerk-Spezialist, Systemadministrator sowie alles weitere im Computerbereich.

Erziehung: Lehrer, Universitätsprofessor (v.a. Computerwissenschaften und Mathematik).

Gesundheitswesen: Psychiater, Psychologe, Facharzt.

Kreativbereich: Erfinder, Grafikdesigner, Architekt, Autor, Kritiker und Kommentator.

Businessbereich: Controller, Computerservices, technische Recherche, unabhängiger Berater, strategischer Planer.

Sonstige: Rechtsanwalt, Manager, Richter, Ingenieur, Architekt, Umweltspezialist, Archivar.

Die beruflichen Stärken der INTJ sind
- Trends und zukünftige Bedürfnisse voraussehen zu können
- die Fähigkeit zum Zusammenfassen und Aufbereiten komplexer Informationen
- Freude an komplexen theoretischen und intellektuellen Herausforderungen
- die Fähigkeit zum kreativen Problemlösen und objektiver Problembetrachtung
- große Zielstrebigkeit, die sich auch gegen Widerstand durchzusetzen vermag
- Vertrauen in die eigenen Visionen
- das starke Bedürfnis, kompetent zu sein
- eine hohe Arbeitsmoral (wollen hohen Standards genügen)
- ihre Affinität zur Technologie
- gutes Organisationstalent

Die beruflichen Schwächen der INTJ sind
- schneller Verlust des Interesses an Projekten, wenn der kreative Arbeitsteil erledigt ist
- die Tendenz, andere so streng anzutreiben wie sich selbst
- Schwierigkeiten für jemanden zu arbeiten, den sie für weniger kompetent halten
- Mangel an Takt und Diplomatie
- wenig Interesse an Details
- die Tendenz, Dinge verbessern zu wollen, die gar keiner Verbesserung bedürfen
- die Tendenz, zu theoretisch zu sein und die praktische Realität zu wenig zu beachten
- ihre Neigung dazu, andere Angestellte, Kollegen etc. nicht genug wertzuschätzen
- Widerstand, bereits entschiedene Dinge noch einmal durchzuarbeiten
- Ungeduld mit netten Worten und Floskeln.

INTP – introvertiert – intuitiv – intellektuell – wahrnehmend

INTP sind sehr logisch denkende, häufig intellektuelle Problemlöser von oft kreativer Brillanz. Nach außen hin ruhig und reserviert wirkend, sind INTP ständig mit Problemlösen beschäftigt. Sie sind sehr kritisch, präzise und skeptisch, möchten Prinzipien entdecken und Ideen verstehen. Sie mögen logische, zweckvolle Konversationen, können argumentieren bis zur Haarspalterei und haben ihren Spaß daran. INTP wertschätzen die eigene Intelligenz, haben ein starkes Bedürfnis nach persönlicher Kompetenz und fordern andere heraus, damit auch diese ihre Kompetenz erweitern können. Sie interessieren sich primär für die Möglichkeiten hinter dem Offensichtlichen, verbessern gerne Bestehendes und lösen gerne schwierige Probleme. Teilweise sind ihre Ideen so komplex, dass sie Schwierigkeiten haben, sie anderen verständlich zu machen. Außerdem sind INTP sehr unabhängig und flexibel. Sie sind mehr am Finden von kreativen Problemlösungen als an deren konkreter Umsetzung interessiert. INTP sind der Typ »zerstreuter Professor«. Sie sind meist kopflastige Planer und haben oft geniale Ideen, die sie ständig überarbeiten. Am effizi-

entesten arbeiten sie alleine. Sie haben eine gewisse soziale Unbehol-
fenheit und wenig Realitätssinn. Sie lieben Autonomie, intellektuelle
Abwechslung und Stimulation und müssen ihre Arbeit herausfordernd finden, um zufrieden zu sein.

Berufszufriedenheit bedeutet für einen INTP
- neue Ideen entwickeln, analysieren und kritisieren zu dürfen
- die Aufmerksamkeit und Energie auf einen kreativen, logischen
  und theoretischen Prozess lenken zu können und nicht auf das
  Endprodukt
- das Verwenden unkonventioneller Herangehensweisen
- die Möglichkeit, Risiken einzugehen, um zu bestmöglichen Lösungen zu gelangen
- unabhängiges, ungestörtes Arbeiten
- die eigenen hohen Standards einhalten zu können
- Interaktion mit einer kleinen Gruppe hochangesehener Kollegen
  und Experten
- die Möglichkeit, die eigene Kompetenz ständig zu erweitern
- Gelegenheiten zum kennen lernen erfolgreicher und mächtiger
  Personen
- keine Notwendigkeit, andere Menschen zu organisieren, deren Arbeit zu überwachen oder interpersonelle Differenzen aus dem Weg
  räumen zu müssen.

Beliebte INTP-Berufe sind
Computer- und Technologiebereich: Software-Entwickler, strategischer Planer, Netzwerk-Spezialist, Finanzplaner, Internet-Ar-
  chitekt, Analyst.
Gesundheitswesen: Facharzt, Wissenschaftler (v.a. Chemie und
  Biologie), Veterinärmediziner, Mikrobiologe, Psychologe, Psychoanalytiker.
Businessbereich: Rechtsanwalt, Psychiater, Biophysiker, Anthropologe.
Akademische Berufe: Mathematiker, Archäologe, Historiker, Philosoph, Wirtschaftswissenschaftler, Astronom, Übersetzer.

Kreativbereich: Fotograf, kreativ Schreibender, Entertainer, Tänzer, Musiker, Kunstmanager, Erfinder, Grafikdesigner, Produzent, Regisseur.

Die beruflichen Stärken der INTP sind
- die Fähigkeit, aufkommende Probleme als Herausforderungen zu betrachten und die eigene Kreativität einzusetzen, um diese Probleme zu lösen
- INTP entziehen sich dem direkten Wettbewerb mit anderen, indem sie sich als kreative, alternative Denker präsentieren
- sie zeichnen sich aus durch Unabhängigkeit, Mut, Risiken einzugehen, Neues zu probieren und Hindernisse zu überwinden
- durch ihre intellektuelle Neugier sind sie sehr erfolgreich bei der Informationsbeschaffung
- sie haben das Talent, auch unter Stress logisch zu analysieren
- sie sind objektiv, d. h. haben die Fähigkeit, Dinge nicht persönlich zu nehmen
- sie zeichnen sich durch Anpassungsfähigkeit aus und können ihre Denkrichtung schnell ändern

Die beruflichen Schwächen der INTP sind
- die Gefahr, die eigenen Fähigkeiten oder Erfahrungen zu überschätzen
- Ungeduld mit inkompetenten oder phantasielosen Menschen
- ihre Abneigung, Dinge auf traditionelle Weise zu erledigen
- die Tendenz, das Interesse an Projekten zu verlieren
- INTP lieben es, Projekte zu starten, haben aber oft Schwierigkeiten, sie zu einem Ende zu bringen
- mögliche Schwierigkeiten, komplexe Ideen einfach zu erklären
- die Gefahr der Disziplinlosigkeit beim Arbeiten mit wichtigen Details

Nun folgen die zwei unter HSP am häufigsten anzutreffenden extravertierten Typen.

ENFJ – extravertiert – intuitiv – fühlend – beurteilend

ENFJ sind sehr personenbezogen. Ihre Beziehungen zu anderen Menschen haben für sie einen hohen Stellenwert, da sie sich schnell persönlich mit jemandem verbunden fühlen. Sie sind Idealisten, denen die eigenen Werte sehr wichtig sind. Sie sind gegenüber Institutionen und Personen, die sie schätzen, sehr loyal. ENFJ sind sowohl enthusiastisch, mitreißend und energievoll als auch verantwortungsbewusst und selbstkritisch. Ihr öffentliches Auftreten ist charmant, gewinnend und geprägt durch persönliche Wärme. ENFJ sind geborene Diplomaten, die es verstehen, Harmonie zu schaffen. Sie sind gute und außerordentlich kommunikationsstarke Führungspersönlichkeiten. Deshalb wird dieser Typus nicht nur als »Diplomat« sondern auch als »Mentor« oder »Optimist« bezeichnet.

Ihre Entscheidungen basieren auf der Grundlage ihrer Gefühle, die sie einer Sachlage entgegenbringen. Ihr Interesse gilt nicht nur dem Augenscheinlichen, sondern vor allem dem, was möglich sein könnte, d. h. was geschehen könnte und welche Auswirkungen dies hätte.

ENFJ sind im Allgemeinen gut organisiert und bevorzugen es, wenn ihr Arbeitsumfeld dies ebenso ist. Allzu großes Chaos ist nicht ihre Sache. Entscheidungen zögern sie nicht hinaus, denn sie bevorzugen Klarheit und wollen wissen, woran sie sind. ENFJ sind für gewöhnlich sehr gut darin, nonverbale Signale zu deuten, was sie für Berufe mit starkem Menschenkontakt prädestiniert. Sie müssen nur darauf achten, sich nicht zu sehr in die Probleme anderer verwickeln zu lassen.

ENFJ legen auf Harmonie großen Wert und tendieren dazu, Konflikte zu vermeiden. Sie sollten daher bewusst versuchen, Unangenehmes, das besprochen werden muss, nicht unter den Teppich zu kehren.

Berufszufriedenheit bedeutet für einen ENFJ
- in einem Team mit anderen kreativen Menschen arbeiten zu können, denen sie vertrauen und mit denen sie etwas auf die Beine stellen können
- kreative Problemlösungen finden zu können, die sie anderen Menschen präsentieren
- in einem klar strukturierten Arbeitsumfeld tätig sein zu können, in dem persönliches Wachstum erwünscht ist
- ihr Organisationstalent einsetzen zu können
- kreative Lösungen entwickeln zu können, an die sie glauben und deren positiven Einfluss auf andere sie selbst erfahren
- neue Ideen ausarbeiten zu können, besonders, wenn diese das Leben anderer verbessern können

Beliebte ENFJ-Berufe sind
Kommunikations- und Medienbereich: Journalist, Entertainer, Künstler, TV-Produzent, Politiker.
Erziehung / Beratung: Psychologe, Karriereberater, Karrierecoach, Drogenberater, Sozialarbeiter.
Erziehungswesen: Lehrer, Universitätsprofessor, Soziologe, Sonderschullehrer, Kindergärtner.
Gesundheitswesen: Alternativmediziner, Diätist, Ernährungsberater, Chiropraktiker.

Sonstiges: Sozialwissenschaftler, Reiseleiter, Konfliktberater, Team-trainer, Coach, Veranstalter, Personalleiter.

Die beruflichen Stärken der ENFJ sind
- sehr gute Kommunikations- und Präsentationsfähigkeiten
- Charisma, Führungspersönlichkeit
- die Fähigkeit, das »große Ganze« zu sehen
- Enthusiasmus und gewinnendes Auftreten
- Empathie und generelles Interesse an anderen Menschen
- Entscheidungsstärke und Organisationstalent
- das Bedürfnis, produktiv zu sein und Ziele zu erreichen
- die Fähigkeit, unkonventionellen Einfällen und Ideen Beachtung zu schenken
- große Ausdauer bei Arbeit, an die sie glauben
- schnelle Auffassungsgabe und vielfältige Interessensgebiete

Die beruflichen Schwächen der ENFJ sind
- Widerwillen, Arbeit zu verrichten, die mit den eigenen Werten kollidiert
- die Tendenz, Menschen und Beziehungen zu idealisieren
- Ungeduld mit ineffizienten Menschen und Strukturen
- die Tendenz, Konflikte zu vermeiden und Dinge unter den Teppich zu kehren, die besprochen werden sollten
- Schwierigkeiten, in konfliktbeladener Atmosphäre zu arbeiten, in der vor allem Ellenbogenmentalität und harter Wettbewerb zählen
- die Tendenz zu Flüchtigkeitsfehlern
- die Neigung, Entscheidungen zu rasch und unüberlegt zu fällen

ENFP – extrovertiert – intuitiv – fühlend – wahrnehmend

ENFP sind enthusiastische Menschen, die oft vor Ideen nur so übersprudeln. Sie sind spontan, kreativ, originell, optimistisch und haben Selbstvertrauen. Das Leben ist für sie ein Abenteuer. Sie haben großes Interesse an Möglichkeiten und halten sich gerne viele Optionen offen. Sie sind sehr gute Beobachter, denen Abweichungen vom Üblichen und Normalen sofort auffallen. Ihre natürliche Neugierde treibt sie an. Sie be- und verurteilen nicht vorschnell.

ENFP sind anpassungsfähig und häufig originelle Erfindernaturen. Oft sind sie nonkonformistisch eingestellt, immer auf der Suche, neue Wege zu entdecken und neue Möglichkeiten dafür herauszufinden, wie Dinge zukünftig getan werden könnten. Probleme sind für sie Herausforderungen.

Das Zusammensein mit anderen Menschen stimuliert sie, weshalb sie auch gerne in Teams arbeiten.

ENFP sind hilfsbereit, und die positive Entwicklung anderer liegt ihnen am Herzen. Sie vermeiden Konflikte und sind sehr harmoniebedürftig.

Sie müssen darauf achten, sich nicht zu verzetteln, da sie nicht gerne Entscheidungen treffen und sich mit vielen Dingen gleichzeitig beschäftigen. Dinge zu Ende zu bringen gehört nicht zu ihren

Stärken. Sie sollten sich daher in Selbstdisziplin üben. Sich besser zu organisieren ist etwas, das sie ebenfalls lernen sollten.

Berufszufriedenheit bedeutet für einen ENFP
- die Möglichkeit, mit mehreren Leuten in kreativ-inspirierender Umgebung an verschiedensten Projekten arbeiten zu können
- möglichst wenig Routinearbeiten erledigen zu müssen
- die Möglichkeit, neue Ideen, Problemlösungsstrategien, Produkte oder Dienstleistungen auszuarbeiten
- in einer möglichst wenig strukturierten Umgebung spontan und in ihrer eigenen Geschwindigkeit arbeiten zu können
- eine Tätigkeit ausüben zu können, die zu den eigenen Werten passt und von der andere profitieren
- häufige Gelegenheiten, neue Menschen kennen zu lernen

Beliebte ENFP-Berufe sind
Kreativbereich: Journalist, Kolumnist, Schauspieler, Drehbuchautor, Dekorateur, Kostümdesigner, TV-Produzent.
Marketing: PR-Spezialist, Herausgeber einer Zeitschrift, Kreativdirektor, Werbetexter.
Erziehungswesen: Lehrer (vor allem Musik und Schauspiel), Psychologe, Sonderschullehrer, Schul-Berater, Anthropologe.
Gesundheitswesen: Masseur, Diätist, Ernährungsberater, Chiropraktiker, Alternativmediziner.
Sonstiges: Sozialwissenschaftler, Coach, diverse Beratungstätigkeiten, Projektmanager.

Die beruflichen Stärken der ENFP sind
- die Fähigkeit, das »große Ganze« zu sehen und die Auswirkungen potentieller Änderungen erahnen zu können
- Mut zum Risiko und dazu, Neues zu versuchen
- ein breites Interessensspektrum und schnelle Lernfähigkeit
- die Fähigkeit, unkonventionell zu denken und neue Möglichkeiten zu erkennen
- natürliche Neugierde

- die Fähigkeit, sich gut in andere Menschen und deren Bedürfnisse hineinversetzen zu können

Die beruflichen Schwächen der ENFP sind
- Tendenz zu schlechter Organisation
- Schwierigkeiten, Prioritäten zu setzen
- Tendenz, zu sehr auf das zu achten, was möglich sein könnte statt auf das, was tatsächlich gegeben ist
- Abneigung gegenüber sich häufig wiederholenden Tätigkeiten
- Schwierigkeiten, Entscheidungen zu treffen
- Abneigung dagegen, Dinge auf konventionelle Weise zu erledigen

Tipps für das Berufsleben der ENFP
- Lernen Sie, Prioritäten zu setzen.
- Arbeiten Sie, wenn dies möglich ist, in Teams.
- Arbeiten Sie stark detailbehaftete Projekte mit anderen gemeinsam durch.
- Üben Sie sich in Beständigkeit und darin, besser zu fokussieren.
- Delegieren Sie, wenn möglich, Routinearbeiten.
- Nutzen Sie die Möglichkeit, an mehreren Projekten gleichzeitig zu arbeiten, wenn sich eine solche bietet.
- Üben Sie, Projekte nicht nur enthusiastisch zu starten, sondern sie auch zu einem guten Abschluss zu bringen.

Soviel zu den bei HSP am häufigsten anzutreffenden Typen und deren Persönlichkeits-Profil. Falls Sie mehr wissen wollen, oder falls Sie einem anderen als den sieben oben beschriebenen Typen angehören sollten, finden Sie im Anhang zahlreiche Tipps für weiterführende Lektüre.

Den eigenen Persönlichkeitstyp zu finden kann eine große Hilfe sein, sich einerseits der eigenen Stärken und Schwächen deutlicher bewusst zu werden und andererseits auch besser zu verstehen, wo diese herrühren. Neben dieser Art von Typologie gibt es zahlreiche weitere Persönlichkeitstypologien, die ebenfalls hilfreich sein können wie beispielsweise das Enneagramm oder der Big Five. Es würde allerdings den Rahmen dieses Buches sprengen, auf diese Typologien ebenfalls einzugehen.

Berufliche Selbstständigkeit

»Do not go where the path may lead,
go instead where there is no path and leave a trail.«
Ralph Waldo Emerson

Sich selbstständig zu machen ist für viele HSP die logische Konsequenz ihres So-Seins. Tatsächlich haben sich bereits viele Hochsensible – nach mehr oder weniger leidvollen und stressigen Erfahrungen als Arbeitnehmer – selbstständig gemacht, weil sie mit den Strukturen der Arbeitswelt unzufrieden waren, und weil sie sich nicht anpassen wollten oder konnten. Sie haben oft Erfahrungen aus früheren »Jobs« oder »Frondiensten« mitgenommen, und für sich Strukturen geschaffen, die ihren Werten und ihren Bedürfnissen gerecht werden.

Selbstständige haben die Arbeitszeit, die Aufteilung des Arbeitspensums, die Stimulation und die Leute, mit denen sie arbeiten, großteils selbst in der Hand. All dies kommt Hochsensiblen entgegen.

Aber es gibt auch einiges zu beachten: So können HSP sehr besorgte, ängstliche Perfektionisten sein und sich selbst härter behandeln wie jeder Vorgesetzte. Sie können sich selbst stark unter Druck setzen und dadurch unter permanentem Stress stehen.

Selbstständige brauchen Selbstdisziplin, hohe Selbstmotivation, sie benötigen Selbstvertrauen und sie müssen den Fakten ins Auge sehen können. Sie müssen unter Umständen rasche Entscheidungen treffen und können nicht allen intuitiven Einfällen nachgehen, was eine Versuchung für viele HSP wäre. Außerdem sind Beständigkeit und Ausdauer notwendig. Es bedarf also persönlicher Reife sowie der Fähigkeit, zuweilen extravertiert zu agieren. Vor allem introvertierte Selbstständige brauchen viel Energie, um den Kontakt zum Markt oder Publikum herzustellen.

Schon immer war es eine der wichtigsten Aufgaben von HSP, für harmonische menschliche Beziehungen zu sorgen. Konflikte wollen die meisten HSP vermeiden. Diese Strategie kann funktionieren, muss aber nicht. Konfliktvermeidung kann auch dazu führen, dass man die Gesamtsituation nicht verbessert und vorhandene Fähigkeiten nicht einsetzt. Für beruflich selbstständige HSP kann dies fatale Folgen haben. Auch die Notwendigkeit, die Dienstleistung, die man anbietet oder das Produkt, hinter dem man steht, vermarkten zu müssen, ist für viele Hochsensible eine große Hürde.

Im Folgenden finden Sie eine kleine Auflistung von Vor- und Nachteilen beruflicher Selbstständigkeit:

Vorteile der Selbstständigkeit:
- Berufliche Selbstständigkeit bietet mehr Flexibilität als ein Angestelltenverhältnis. Dies ist für viele Hochsensible sehr erstrebenswert.
- Viele HSP gehen mit sich selbst sehr hart ins Gericht, sind sehr pflichtbewusst und zuverlässig. Diese Eigenschaften kommen einer selbstständigen Berufstätigkeit entgegen.
- Viele Hochsensible wünschen sich die größtmögliche Kontrolle über ihr Arbeitsumfeld und darüber, wie sie ihre Arbeitszeit verbringen und sich einteilen. Selbstständigkeit bietet diese weitgehend.
- Berufliche Selbstständigkeit verlangt einen hohen Grad an Selbstmotivation. Hochsensible, die sich mit ihrer Tätigkeit identifizieren, bringen diese zumeist auf.
- Barrie Jaeger; Soziologin und Psychologin, fand heraus, dass selbstständige HSP im Durchschnitt mit ihrer Arbeit zufriedener sind als unselbstständige HSP.

Hürden bzw. Risiken der Selbstständigkeit
- Selbstständigkeit bedeutet mangelnde Einkommenssicherheit, was dem Sicherheitsdenken der Hochsensiblen völlig widerspricht. Doch die Genauigkeit, das Perfektionsstreben und das visionäre Denken vieler Hochsensibler sind gute Grundpfeiler. Um das

finanzielle Risiko abzumildern, sollten vor allem allzu visionäre HSP einen trockenen Zahlenmenschen zu Rate ziehen, der mit ihnen zukünftige Vorhaben durchkalkuliert und der sie auf dem Boden des tatsächlich Möglichen hält. Oft ist es auch günstig, sich vorerst nebenberuflich selbstständig zu machen und dies bei Erfolg nach und nach zu einer Vollzeitbeschäftigung auszubauen.

- Ein weiteres Problem kann für selbständige HSP der Wettbewerbsdruck sein.
- Markt- bzw. Kundenbedürfnisse können sich relativ schnell ändern. Man kann den Markt nicht wirklich vorhersagen.
- Wenn sich eine Tür schließt, wird sich meist eine andere öffnen. Man kann aber nicht wissen, wann.
- Man muss Grenzen setzen können und Autorität ausüben. Hochsensiblen fällt dies zuweilen schwer.
- Wie auch als Arbeiter oder Angestellter, muss man als Selbstständiger ebenfalls heute verstärkt damit rechnen, dass sich das Berufsfeld ändert. 2–3 verschiedene Karrieren in 10 Jahren sind keine Seltenheit. Große Flexibilität ist daher gefragt.
- Gibt es inneren Widerstand gegen die Tätigkeit, ist das bei Selbstständigen besonders problematisch, da sie stärker als Angestellte hinter ihrer Tätigkeit stehen müssen. Da HSP generell das Bedürfnis haben, hinter dem, was sie tun, zu stehen, ist es für sie besonders wichtig, dass sie sich in einem Bereich selbstständig machen, mit dem sie sich völlig identifizieren können.
- Selbstständige müssen meist repräsentieren. Dies kann man zwar üben, und Zahl sowie Zeitpunkte der Termine sind einigermaßen frei wählbar, weshalb es mit der Voraussetzung, dass dahinter Arbeit steht, die man liebt, auch für viele Hochsensible machbar ist. Aber es bleibt ein heikler Punkt, und für einige HSP kann die Belastung ihrer Reserven, die sie bei Repräsentationsaufgaben anzapfen müssen, zu groß sein.
- Außerdem kommt noch hinzu, dass man als Selbstständiger die Arbeit oft »mit nach Hause nimmt«, sie also kaum, wie in vielen Angestelltenverhältnissen doch möglich, bei Dienstschluss hinter sich lassen kann.

- HSP erkennen gut, was wo gebraucht wird und sind daher für Serviceberufe prädestiniert. In diesen Tätigkeitsbereichen ist besonders darauf zu achten, sich nicht permanent zu überfordern, da das Burnout-Risiko im Servicebereich sehr hoch ist.

Sensibler Unternehmer – wie kann das gehen?

Der in vielen Branchen sehr harte Wettbewerbsdruck kann Hochsensiblen sehr zu schaffen machen. Statt mit Ellenbogen zu kämpfen, was HSP ohnehin absolut nicht liegt, ist es sinnvoll, einen Weg zu finden, um den Wettbewerbskampf zu »umschiffen«. Viktor, ein 42-jähriger hochsensibler Tischler hat sich beispielsweise eine berufliche Nische geschaffen, indem er sich auf eine ganz bestimmte Stilrichtung spezialisiert hat, in der er Möbel anfertigt. Er konzentriert sich ganz auf die Originalität seiner Arbeit, die dadurch so gut wird, dass sie automatisch dem Wettbewerb standhält.

Viele HSP sind den nervlichen Anforderungen der Leistungsgesellschaft und den Bedingungen moderner Arbeitsplätze nur schlecht gewachsen. Sie sind oft hochqualifizierte Fachleute, Künstler, in helfenden Berufen, in der Persönlichkeitsentwicklung oder im Gesundheitsbereich tätig. Machen sich Hochsensible in diesen Bereichen selbstständig, ist ihnen also kein geregeltes Einkommen sicher, müssen sie besonders darauf achten, nicht in Geldnöte zu geraten, denn: Ein Hochsensibler, der seiner Berufung folgt (und in einem der oben genannten Tätigkeitsbereiche finden viele HSP ihre Berufung), ist oft so glücklich, tun zu können, was ihm etwas bedeutet, dass er dafür kaum Geld nimmt. Es kann auch sein, dass die Selbstachtung zu gering ist, der eigene Wert und damit der Wert eigener Leistungen als zu gering eingeschätzt wird. Preisverhandlungen sind ihnen meist ein Gräuel. Sie tendieren dazu, das absolute Minimum zu verlangen, denn sie wollen sich Konflikte wie das Feilschen um höheres Honorar unbedingt ersparen. Hochsensible tendieren dazu, anzunehmen, sie sollten möglichst wenig verlangen. Diese falsche Bescheidenheit kann für selbstständige HSP zu einer großen Hürde werden. Wichtig ist daher: Verschenken Sie nie Ihre Produkte oder Dienstleistungen! Ihre Kunden verstehen, dass sie zahlen, wenn sie etwas bekommen. Man kann andere sogar beschämen, indem man sie nichts zahlen lässt!

Selbstständigkeit umfasst eine enorme Bandbreite an Möglichkeiten – vom professionellen Tennisspieler bis hin zum Schriftsteller. Kein Wunder also, dass für viele HSP die eine oder andere selbstständige Berufstätigkeit verlockend ist. Zu bedenken ist aber, dass es durchaus auch Angestelltenverhältnisse gibt, die einer Selbstständigkeit sehr ähnlich sein können. Wenn man als Angestellter beispielsweise einen breiten Handlungsspielraum und viele Entscheidungsfreiheiten hat, tut man gut daran, zu überlegen, ob diese Tätigkeit nicht ohnehin die meisten Vorteile einer Selbstständigkeit bietet, ohne jedoch ihre Nachteile aufzuweisen. Vielleicht können Sie in Ihrer Firma ein eigenes Projekt aufbauen!

Die Unsicherheit eines selbstständigen beruflichen Neubeginns können Sie reduzieren, wenn Sie die Tätigkeit erst einmal eine Weile lang spielerisch austesten. Sie können nebenberuflich starten oder überhaupt vorerst einmal als Freizeitbeschäftigung Erfahrungen im neuen Berufsfeld sammeln. Wenn es Ihre Berufung ist, werden Sie Erfolg haben, wenn Sie nur beharrlich in kleinen Schritten voranschreiten.

Frei im Beruf

»Wenn du ein glückliches Leben willst, verbinde es mit einem Ziel ...«
Albert Einstein

Selbstvertrauen und Selbstliebe

»Verleugne nie deine wahren Talente und Leidenschaften.
Sie sind der Schlüssel zum beruflichen Glück.«
Birgit, Bildhauerin

Die Basis des Selbstwertgefühls wird in der Kindheit gelegt. Hierfür ist vor allem das Ausmaß an Zuneigung und Anerkennung, das ein Mensch von seinen Eltern und anderen Bezugspersonen erfährt, bedeutsam.

Als Erwachsene beziehen wir einen großen Teil der positiven und negativen Einflüsse auf den Selbstwert aus unserem Beruf.

Menschen mit hohem Selbstbewusstsein:

- wissen, was sie wollen, weil sie in sich selbst hineinhören und ihrem eigenen Lebenssinn gemäß leben
- wissen, dass sie es verdienen, glücklich zu sein – auch in ihrer Arbeit
- lassen sich weder von Ängsten noch von Schuldgefühlen davon abhalten, ihren eigenen Weg zu gehen
- lösen Probleme kreativ und im Vertrauen darauf, dass sie mit allem ausgestattet sind, um den Problemen beizukommen
- haben Selbstdisziplin und sind gewillt, auf das, was sie wollen, zu warten; sie müssen also nicht alles sofort haben
- nehmen ihr Leben selbst in die Hand und tragen die dabei übernommene Verantwortung.

»*Während kein Einwand dagegen erhoben wird, wenn man seine Liebe den verschiedensten Objekten zuwendet, ist die Meinung weitverbreitet, dass es zwar eine Tugend sei, andere zu lieben, sich selbst zu lieben aber, das sei Sünde.*«[52] Dies klagte Erich Fromm an, denn: Das eigene Selbst muss ebenso Objekt meiner Liebe sein wie ein anderer Mensch. »*Die Bejahung des eigenen Lebens, des eigenen Glücks und Wachstums und der eigenen Freiheit ist in der Liebesfähigkeit eines jeden verwurzelt, das heißt in seiner Fürsorge, seiner Achtung, seinem Verantwortungsgefühl und seiner ,Erkenntnis'. Wenn ein Mensch fähig ist, produktiv zu lieben, dann liebt er auch sich selbst; wenn er nur andere lieben kann, dann kann er überhaupt nicht lieben.*«[53]

Menschen mit Selbstvertrauen sind sich dessen bewusst.

Wenn man seine Berufung gefunden hat und dieser nachgehen kann, stärkt dies das Selbstvertrauen beträchtlich. Statt dem Diktat und den Definitionen der Gesellschaft zu folgen, definiert man sich selbst. Dies ist ein untrügliches Zeichen für Selbstvertrauen. Wir lassen uns nicht mehr einschüchtern durch eine Kultur, die »viel Geld« gleichsetzt mit »hohem Wert als Person«.

Wer Selbstvertrauen hat, dem ist auch bewusst, dass er, wenn er seine Berufung gefunden hat, Geduld und Ausdauer braucht, bis sich finanzieller Erfolg einstellt. Menschen mit wenig Selbstvertrauen beschließen während anfänglicher Durststrecken und Wartezeiten, dass sie doch nicht das Talent oder die Ausdauer haben, weiterzumachen. Sie geben häufig zu früh auf, oder wagen es gar nicht, Neues zu versuchen.

Marsha Sinetar geht in ihrem Buch »Do What You Love, The Money Will Follow«[54] gar so weit, zu behaupten, dass wir uns gar keine Sorgen machen müssten, solange wir unser berufliches Ziel klar vor Augen haben und unsere Talente gut nutzen. Denn dann werde, so Sinetar, der finanzielle Erfolg nicht ausbleiben. Sicher ist es gewagt, dies so stark zu verallgemeinern, wenn auch die Wahrscheinlichkeit, dass finanzieller Erfolg eintritt, sofern man die eige-

---

52 Fromm, Erich: Die Kunst des Liebens. Ullstein, Frankfurt/Main 1994, S. 92.
53 Fromm, Erich: Die Kunst des Liebens. Ullstein, Frankfurt/Main 1994, S. 96.
54 Sinetar, Marsha: Do What You Love, the Money Will Follow. Dell Publishing, New York 1987.

nen Talente gut nutzt, ein klares Ziel vor Augen hat und einer beruflichen Tätigkeit nachgeht, in der man Erfüllung findet, groß ist. Gerade für Hochsensible gilt es, sich dies stets vor Augen zu halten.

»Flow«

Glück ist gelungene Arbeit.
Wolfgang Mattheuer, Maler

Mihaly Csikszentmihalyi ist Psychologieprofessor an der University of Chicago. Er forscht seit nunmehr über dreißig Jahren rund um das Thema »Glück«. Csikszentmihalyi versucht, empirisch zu objektiven Ergebnissen zu gelangen, indem er das Alltagsleben in positiven und negativen Aspekten erfasst, um im Gefühlsleben und im Bewusstsein der Menschen ganz sachlich festzustellen, wann sie sich glücklich fühlen und wann ihre Stimmung ins Negative umschlägt. Danach entwickelt er Theorien über Glück und beschreibt hieraus einen möglichen Weg, wie sich das Leben von Freude erfüllter, angenehmer oder glücklicher gestalten lässt.

In seinem bekannten Buch »FLOW – Das Geheimnis des Glücks« (siehe Anhang) macht Csikszentmihalyi seine Ergebnisse einem breiteren Publikum zugänglich.

»Flow« ist nach Csikszentmihalyi ein Zustand geistiger »Ordnung im Bewusstsein«, der zu einem Gefühl tiefer Befriedigung führt. Den Zustand des »Flow« erreichen wir, wenn wir eine Herausforderung gemeistert haben, die anspruchsvoll, jedoch nicht überfordernd war. »Flow« entsteht, wenn der Agierende mit der von ihm ausgeübten Aktivität in völligem Einklang ist. Wir sorgen uns dann nicht um das, was geschehen könnte oder nicht geschehen könnte. In solch einer Situation können wir von allen unseren Fähigkeiten Gebrauch machen.

Der Forscher fand Flow vor allem bei intellektuell herausfordernden Tätigkeiten, nicht bei Routinearbeiten.

Fast jeder kennt das Gefühl des »Flow«: Sei es, wenn wir tanzen, singen, malen, ein Instrument spielen, im Garten arbeiten oder einen angeregten Abend mit Freunden verbringen. »Flow« öffnet unsere Herzen und unseren Geist und vereint Sinne, Intellekt und Emotionen.

Auch Arbeit kann »Flow« bewirken. Und zwar dann, wenn
- sie vom Ausübenden frei gewählt und freiwillig ausgeübt wird
- wenn man mit Leidenschaft bei der Sache ist
- wenn sich die Arbeit für den Tätigen persönlich lohnt
- wenn es keine Distanz gibt zwischen dem, wer man ist und dem, was man tut
- wenn Erfolg nicht im Vordergrund steht, sondern sich von selbst einstellt
- wenn man sich selbst akzeptieren kann – mit all seinen Stärken und Schwächen

Freude ist ein bedeutsamer Faktor zur Erhöhung unserer Lebensqualität. Während reines Vergnügen vergeht, ist Freude ein weitaus beständigeres Gefühl und umfasst ein breites Spektrum an Bestandteilen: eine erfüllbare Aufgabe, klare Ziele, Konzentration, Hingabe, Kontrolle, Veränderung des Zeitgefühls und andere. Treffen mehrere dieser Elemente zu, kann davon ausgegangen werden, dass der Mensch Freude, also eine optimale Erfahrung, empfindet.

Schlüsselelement der Freude spendenden Aktivität ist für Csikszentmihalyi die »autotelische Erfahrung«. Das bedeutet, die ausgeführte Tätigkeit wird um ihrer »selbst willen« ausgeführt, sie ist Selbstziel oder Selbstzweck (vgl. Griechisch: autos = selbst; telos = Ziel, Zweck). Man gibt sich einer Tätigkeit völlig hin, versinkt also gänzlich in ihr. Dies ermöglicht vollständige Konzentration, da man nicht mehr auf andere Dinge, wie mögliche Frustration oder auch Belohnungen (wie beispielsweise in Form eines Lohns für die Tätigkeit) fixiert ist, sondern die Tätigkeit aus sich heraus erfüllt.

Eine Schwierigkeit kann laut Csikszentmihalyi eine zu schüchterne oder zu egozentrische Persönlichkeitsbildung sein. Zu schüchterne Personen sind stets um die Fremdwahrnehmung besorgt und dadurch nicht frei genug, sich an etwas zu erfreuen, während Egozentriker Dinge nur in Hinblick auf einen möglichen persönlichen

Zweck wahrnehmen, sodass ihnen die Dinge entgehen, die vielleicht »nur schön« sind und keinen weiteren Zweck zu erfüllen scheinen.

Ein zentraler Begriff in Csikszentmihalyis Forschungen ist daher die »autotelische Persönlichkeit«, d. h. das Bewusstsein, das seinen Zweck und sein Ziel in sich selbst sieht. Das bedeutet, Fremdwahrnehmung und ständige Berechnung treten in den Hintergrund. Eine autotelische Persönlichkeit zeichnet sich durch Selbstbewusstsein, Aufmerksamkeitskontrolle, Kreativität und die Fähigkeit, sich an unmittelbaren Erlebnissen erfreuen zu können, aus, d. h. sie ist gegenwartsorientiert und nicht eingenommen von der Sucht nach einem großen Glückserlebnis. Csikszentmihalyi erkennt allerdings ein großes Problem darin, dass die meisten Menschen die kleinen Glücksmomente nicht anerkennen oder wahrnehmen, sondern hauptsächlich von ihrem Verlangen nach dem großen Glückserlebnis eingenommen werden.

Da Hochsensible sich meist aufgrund ihrer fein nuancierten Detailwahrnehmung auch über Kleinigkeiten (die sie dementsprechend deutlich erkennen können) freuen, sind sie hier klar im Vorteil. Die Wahrscheinlichkeit, dass HSP autotelische Persönlichkeiten sind, ist demnach hoch.

Autotelische Persönlichkeiten agieren also mit einer Zielstrebigkeit, die nicht den äußerlichen Erfolg im Auge hat. Sie wollen ihr Bestes geben, nicht in erster Linie ihren eigenen Interessen dienen. (Narzisstische Individuen hingegen sind vorwiegend mit ihrer Selbstverteidigung befasst und zerbrechen, wenn die äußeren Bedingungen bedrohlich werden.)

Csikszentmihalyi fasst die Kennzeichen der autotelischen Persönlichkeit folgendermaßen zusammen:
1. Ziele setzen können
2. Sich in die Handlung vertiefen
3. Aufmerksamkeit auf das Geschehen richten
4. Lernen, sich an der unmittelbaren Erfahrung zu freuen.[55]

---

55 Mihaly Csikszentmihalyi: Flow. Das Geheimnis des Glücks. Klett-Cotta, Stuttgart 1992

Autotelische Persönlichkeiten können also ihre inneren Erfahrungen steuern und ihre Lebensqualität selbst bestimmen. Im Extremfall können sie sogar Unglück in etwas Positives verwandeln. Aufgrund dieser Fähigkeiten sind sie die am dauerhaft glücklichsten Persönlichkeiten.

Ungeachtet der persönlichen Reife dessen, der sie ausübt, ist eine Tätigkeit für jeden umso erfreulicher, je mehr sie innerlich einem Spiel ähnelt – mit Vielfalt, angemessenen, flexiblen Herausforderungen, deutlichen Zielen und unmittelbarer Rückkoppelung. Im Idealfall, wenn man seine Berufung gefunden hat, empfindet man keinen nennenswerten qualitativen Unterschied mehr zwischen Arbeit und Spiel. Wer die Kluft zwischen Arbeit und Spiel überwunden hat, sagt über seine Arbeit Dinge wie: »Ich kann mir gar nicht vorstellen, diese Arbeit nicht zu tun«, »ich würde zahlen, um meine Arbeit tun zu dürfen« oder »die Zeit verfliegt beim Arbeiten«.

Um zum Flow, dem völligen Aufgehen in dem, was man tut, zu finden, empfiehlt es sich
• zu erkennen, was man wirklich möchte
• sich klare, erreichbare Ziele zu setzen
• sich nicht zu verzetteln, sondern auf seine Stärken zu konzentrieren
• Feedback einzuplanen
• die Kontrolle zu behalten bei gleichzeitigem Wissen, dass nicht alles völlig kontrollierbar ist
• auch kleinste Erfolge zu feiern
• auf sein körperliches Wohl achten[56]

Hindernisse auf dem Weg zum Flow hingegen sind
• Neid
• alles wollen, auch Unerreichbares
• zu extremes Sicherheitsdenken

---

56 Quelle: Seiwert, Lothar W.: Wenn du es eilig hast, gehe langsam. Campus Verlag, Frankfurt/Main 2005, S. 189f.

Wer etwas tut, das ganz tief Teil seiner Selbst ist, der wächst über sich selbst hinaus. Gerade HSP können dann Dinge tun, die man nicht geahnt hätte. Natürlich brauchen sie weiterhin Zeit für sich selbst, um sich zurückzuziehen und zu regenerieren, aber sie erweitern ihren Handlungsspielraum beträchtlich. Dieses Wachstum ist es, vor dem hochsensible Menschen oft zurückschrecken; nicht weil sie nicht wachsen wollen, sondern weil sie vor Veränderungen zurückweichen. Wer aber seine Berufung entdeckt hat, der möchte Schritt für Schritt weitergehen, der wird Dinge tun, die er weder in Zeiten der Fronarbeit noch in Zeiten des Jobs tun hätte wollen; er wird etwa seine Visionen einem Publikum präsentieren, auch wenn er vielleicht in der Schule immer gehofft hat, kein Referat halten zu müssen.

Spricht man mit jemandem, der seine Arbeit liebt, wird er immer raten, zu tun, was zu einem passt und persönliche Bedeutung hat und nie das, was praktisch erscheint. Er weiß, dass dies der richtige Weg ist. »Bedeutung« ist das Schlüsselwort im Flow und der Berufung: Was man tut hat dann für uns Bedeutung.

Die Energie des Flow, die man erlebt, wenn man seine Berufung gefunden hat, ist wunderbar, stresst aber auf Dauer auch. Daher ist es gut und man sollte nicht betrübt darüber sein, wenn die Energiekurve etwas abflacht und man wieder zur Ruhe kommt. Unsere Berufung beinhaltet Momente des Flow, ist aber nicht mit ihm identisch. Der Berufung zu folgen bedeutet, auch ruhigere Momente zu erleben, in denen der Flow nicht vorherrscht – und das ist gut so.

Kraft und Ausdauer

> »Und wenn ihr mit Liebe arbeitet, verbindet ihr euch mit euch selbst.«
> Khalil Gibran

Hochsensible Menschen brauchen Authentizität, Tiefe, Ehrlichkeit und Bedeutung in ihrer Arbeit und generell in ihrem Leben. Ein Leben als HSP ist herausfordernd, aber wenn man die positiven Eigenschaften der hohen Sensibilität zu schätzen weiß, seine Grenzen verteidigt und den eigenen Wert kennt, kann man als Hochsensibler Großes erreichen.

Wichtig sind dafür der Glaube an sich selbst und die eigenen Möglichkeiten und vor allem eine Vision als ein Ziel, das es anzustreben gilt. Dazu Erich Fromm: »Glauben erfordert Mut. Damit ist die Fähigkeit gemeint, ein Risiko einzugehen, und auch die Bereitschaft, Schmerz und Enttäuschung hinzunehmen. Wer Gefahrlosigkeit und Sicherheit als das Wichtigste im Leben ansieht, kann keinen Glauben haben.«[57]

Hochsensible, die ihre Berufung gefunden haben, haben diesen Mut, neue Wege zu beschreiten. Dabei werden sie kaum zu große Risiken eingehen, da ihre Intuition und ihre Vorsicht sie davor bewahren. Insofern ist eine HSP mit einer beruflichen Vision, der sie folgt, in einer idealen Ausgangsposition, denn sie hat den Idealismus, Dinge anzupacken und die Umsicht, dabei nicht übermütig zu werden. Sie hat Kraft und Ausdauer, weil sie an ihre Ziele glaubt, da sie sich diese aufgrund ihrer vorausblickenden Denkweise detailliert vorstellen kann. Sie will ihre Berufsziele unbedingt erreichen, weil sie darin Sinn sieht.

Beim Weg in Richtung des eigenen Berufsziels wird man als Hochsensibler, der gelernt hat, die eigene Sensibilität als besonderes Geschenk zu schätzen, in kleinen Schritten vorgehen und sich Etappenziele setzen. Hat man das Berufsziel erreicht und konnte man seine Berufung zum Beruf machen, wird man daraus große Kraft schöpfen können und diese sinnvoll zu nutzen wissen.

Zum Abschluss

Viele Menschen sehen das Arbeitsleben als etwas, dem man sich leider von Montag bis Freitag zu fügen hat, das eine lästige Pflicht ist, ohne die es sich weit angenehmer leben würde. Autoaufkleber mit Aufschriften wie »ich hasse Montagmorgen« oder »Thank God it's Friday« sprechen darüber eine deutliche Sprache. Dieser Ansicht liegt die Idee zugrunde, dass die Woche gefüllt ist mit Fronarbeit und die Wochenenden die einzige Zeit sind, in der man aufleben darf.

Wer aber beruflich das tut, was ihm entspricht und was er liebt, für den sieht es anders aus. Wer Sinn und Wert in seiner Arbeit

---

57 Fromm, Erich: Die Kunst des Liebens. Ullstein, Frankfurt/Main 1994, S. 189.

sieht, schöpft Freude daraus. Im Idealfall wird die Arbeit also zu einem Teil unseres Selbst, den wir nicht missen möchten, weil wir uns durch ihn ausdrücken können oder weil wir durch ihn etwas bewirken können, das uns ein wirkliches Anliegen ist.

Wenn dieses Buch dazu beitragen kann, dass mehr Hochsensible sich selbstbewusst des Wertes ihrer Sensibilität besinnen, wenn es bewirkt, dass die hochsensiblen Leser sich zukünftig gegenüber diversen Herausforderungen am Arbeitsplatz besser wappnen können, wenn es dazu beitragen kann, Blockaden am Weg zur Berufsfindung auf die Spur zu kommen und wenn es für einige das Finden ihrer wahren Berufung erleichtert, dann hat es sein Ziel erreicht.

Bibliographie

Monographien

Aron, Elaine: The Highly Sensitive Person. How to Thrive When the World Overwhelms You. Broadway Books, New York 1997.

Aron, Elaine N.: The Highly Sensitive Person's Workbook. Broadway Books, New York 1999.

Bents, Richard / Blank, Reiner: Typisch Mensch. Einführung in die Typentheorie. 3. Auflage, Hogreve Verlag, Göttingen 2004.

Berne, Eric: Spiele der Erwachsenen. Psychologie der menschlichen Beziehungen. Rowohlt, Hamburg 2002.

Claxton, Guy: Hare Brain Tortoise Mind. Why Intelligence Increases When You Think Less. Claxton Ecco Press 1999.

Czikszentmihalyi, Mihaly: Flow. Das Geheimnis des Glücks. Klett-Cotta, Stuttgart 1992.

Denz, Hermann / Friesl, Christian / Polak, Regina / Zuba, Reinhard / Zulehner, Paul M.: Die Konfliktgesellschaft. Wertewandel in Österreich 1990–2000. Czernin Verlag, Wien 2001.

Diener, Thomas: Essenz der Arbeit. Die Alchemie der Berufsnavigation. Arbor Verlag, Freiamt, 2006

Drucker, Peter F.: The Effective Executive. Heinemann, London 1982.

Dueck, Gunter: Wild Duck. Empirische Philosophie der Mensch-Computer-Vernetzung. Springer, Berlin 2000.

Dueck, Gunter: Topothesie. Der Mensch in artgerechter Haltung. Springer, Berlin 2005.

Esser, Axel / Wolmerath, Martin / Niedl, Klaus: Mobbing. Der Ratgeber für Betroffene und ihre Interessenvertretung. ÖGB-Verlag, Wien 1999.

Fromm, Erich: Die Kunst des Liebens. Ullstein, Frankfurt/Main 1994.

Gibran, Khalil: Der Prophet. dtv, München 2004.

Goleman, Daniel: Emotionale Intelligenz. Hanser, New York 1995.

Harbour, Dorothy: Achtung, Energie-Vampire! Das Praxisbuch für den psychischen Selbstschutz. Ludwig, München 2002.

Jaeger, Barrie: Making Work Work for the Highly Sensitive Person. McGraw-Hill, New York 2004.

Jay, Ros: Erfolgreich starten. Top-Tools für neue Führungskräfte. Financial Times Deutschland, München 2002.

Kern, Hans / Mehl, Christine / Nolz, Hellfried / Peter, Martin / Wintersperger, Regine: Projekt Psychologie (einschließlich Entwicklungspsychologie). Herder, Wien 1991.

Kramer, Peter: Listening to Prozac: The Landmark Book About Antidepressants and the Remaking of the Self. Penguin Books, New York 1993.

Kroeger, Otto / Thuesen, Janet M. / Rutledge, Hile: Type Talk at Work: How the 16 Personality Types Determine Your Success on the Job. Dell Publishing, New York 2002.

Leymann, Heinz: Mobbing. Psychoterror am Arbeitsplatz und wie man sich dagegen wehren kann. Rowohlt, Hamburg 2002.

McLaren, Karla: Emotional Genius. Discovering the Deepest Language of the Soul. Laughing Tree Press, Columbia 2001.

Miller, Alice: Das Drama des begabten Kindes und die Suche nach dem wahren Selbst : Eine Um- und Fortschreibung. Suhrkamp Verlag, Frankfurt am Main 1995.

Namie, Garry / Namie, Eruth: The Bully at Work: What You Can Do to Stop the Hurt and Reclaim Your Dignity on the Job. Sourcebooks, Naperville 2000.

Olsen Laney, Marti: The Introvert Advantage. How to Thrive in an Extrovert World. Workman Publishing, New York 2002.

Parlow, Georg: Zart besaitet. Selbstverständnis, Selbstachtung und Selbsthilfe für hochempfindliche Menschen. Festland Verlag, Wien 2003.

Pereschkian, Nossrat: Auf der Suche nach Sinn. Psychotherapie der kleinen Schritte. Fischer, Frankfurt/Main 1997.

Reeder, Jesse: Keine Chance für Energie-Vampire. Neueste Schutzmechanismen gegen eine negative Umwelt. Integral Verlag, München 2002.

Seiwert, Lothar W.: Wenn du es eilig hast, gehe langsam. Campus Verlag, Frankfurt/Main 2005.

Seligman, Martin E. P.: Erlernte Hilflosigkeit. Beltz Taschenbuch 19. Psychologie Verlags Union, Weinheim 1999.

Sher, Barbara: I Could Do Anything If I Only Knew What It Was. Delacorte Press, New York 1994.

Sinetar, Marsha: Do What You Love, the Money Will Follow. Dell Publishing, New York 1987.

Tieger, Paul D. / Barron-Tieger Barbara: Do What You Are. Discover the Perfect Career for You Through the Sectrets of Personality Type. Little, Brown and Company, New York 2001.

Tieger, Paul D. / Barron-Tieger, Barbara: The Art of SpeedReading People. How to Size People Up and Speak Their Language. Little, Brown and Company, New York 1999.

Zulehner, Paul M. / Denz, Hermann: Wie Europa lebt und glaubt. Europäische Wertestudie. Düsseldorf 1993.

Zur Typenlehre:

Wer sich näher mit diesem äußerst ergiebigen Thema beschäftigen möchte, dem seien auch folgende Bücher und Internetseiten empfohlen:

»Der MBTI« von Richards Bents und Rainer Blank, Claudius Verlag;

»Versteh mich bitte« von David Keirsey und Marilyn Bates, B&T Verlag

sowie die folgenden Internetseiten:

http://www.keirsey.com/german.html

http://www.typentest.de/

http://www.socioniko.net/de

http://www.personalitypathways.com/ (Englisch)

http://www.typelogic.com/ (Englisch).

Artikel aus Zeitschriften u.ä.

Bauer, Karin: Wertewirksamkeit. In: Der Standard online, 12.3.2005.

Blüml, Walter: Burnout. Institut: Hans – Weinberger – Akademie KPDL Kurs 95/ 97, Sonstiges: Hausarbeit im Fach Psychologie, Dozent A. Schild. In: http://pflege.klinikum-grosshadern.de/campus/psycholo/Burnout/Burnout.html 20.11.2005.

Dueck, Gunter: Highly Sensitive!. In: Informatik Spektrum, Band 28, April, Heft 2/2005, S. 151–157.

Näser, Wolfgang: Mobbing im Beruf: Ein Test. In: http://staff-www.uni-marburg.de/~naeser/pr02.htm am 20.11.2005.

N.n.: Die coole Fassade kostet Kraft. In: Psychologie heute, Februar 2005, S. 15.

N.n.: Herz plus Hirn: Emotionale Intelligenz im Alltag. In: Psychologie heute, Februar 2005, S. 20–27.

N.n.: Die Macht des Moments. Intuition: Warum unsere Gefühle klug sind. In: Focus, 24/2005, S. 73–87.

N.n.: Die meisten Erkrankungen sind psychisch bedingt. In: Der Standard online, 27.11.2004.

N.n.: Der »Totstellreflex«. In: Der Standard online, 27.11.2004.

N.n.: Wenn der Arbeitsplatz zur Todesfalle wird. In: Der Standard online, 11.6.2005 (http://derstandard.at/?id=2071660).

N.n.: Stress macht vergesslich. Wie Cortisol unser Erinnerungsvermögen beeinflusst. 3Sat online (www.3sat.de/nano/bstuecke/12218/index.html) am 30.3.2006.

Obermeier, Birgit: Diversity Management: Vielfalt bereichert. http://www.jobpilot.de/content/journal/hr/thema/diversity51–02.html am 4.9.2005.

ORF-Webseite: Die Zukunftsvorhaben der Österreicher schrumpfen, 19.11.2004.

Streitbörger, Wolfgang: Die Supersensiblen – eine übersehene Minderheit?. http://www.textransfer.de/sensible.html am 3.4.2006.

Wawrzinek, Andreas: Einmal schüchtern, immer schüchtern? http://www.wissenschaft.de/wissen/news/215024.html 8.6.2005.

Yuerong, Sun: Social Reputation and Peer Relationships in Chinese and Canadian Children: A Cross-Cultural Study. In: Child Development 63/1992, S. 1336–1343.

Weitere interessante Webseiten

www.zartbesaitet.net Infos zum Thema Hochsensibilität
www.empfindsam.de Webseite aus Deutschland
www.burnoutnet.at Webseite zu den Themen Rat, Prävention und Hilfe bei Burnout, von Dr. Possnigg initiiert.
www.possnigg.at Webseite von Dr. Günter Possnigg, Facharzt für Neurologie und Psychiatrie und Psychotherapeut; und Mag. Ingrid Possnigg, Psychotherapeutin, beide aus Wien.

Über die Autorin

Dr. Marianne Skarics studierte Publizistik- und Kommunikationswissenschaft, Soziologie, Philosophie und Pädagogik an der Universität Wien.

Neben ihrer Tätigkeit als Autorin ist Skarics ausgebildete Graphologin (*www.grapho-insight.at*), Songtexterin, Lektorin und Redakteurin (u.a. *www.veganesfresserchen.at*). Skarics ist selbst hochsensibel und beschäftigt sich seit vielen Jahren mit dieser Thematik.

Weitere Bücher der Autorin:

»Popularkino als Ersatzkirche? Das Erfolgsprinzip aktueller Blockbuster« (LIT Verlag, 2004)

»Sensibilität und Partnerschaft – Hochsensible Menschen erzählen« (Festland Verlag, 2010)